Wilhelm Bauer

Tauben

2., aktualisierte Auflage

68 Farbfotos
24 Zeichnungen

Ulmer

Inhalt

Nachwuchs 48

Service 90

Gesund oder krank? 66

Produkte 78

Tauben halten

Rechte Seite:
Tauben begleiten den Menschen seit Jahrtausenden und üben auch heute noch ihre Faszination auf ihn aus.

Das interessante Flugspiel der Tauben, die attraktiven Farben und Zeichnungen sowie die Vielfalt in Größe und Form faszinieren uns seit jeher. Oft sind es Erlebnisse aus der Kindheit, die uns zeitlebens an das Heimtier Taube binden. Einige Menschen ärgern sich jedoch nur über die Tauben und verunglimpfen sie gar als „Ratten der Lüfte". In der Geschichte dagegen symbolisieren sie Frieden, in der Religion den Heiligen Geist und für viele Menschen stellt der Umgang mit Tauben eine sinnvolle Freizeitbeschäftigung dar.

Die Taubenhaltung in früheren Zeiten war hauptsächlich in ländlich geprägten Gegenden, aber auch in den Großstädten üblich. Auf den Bauernhöfen war die Taubenhaltung die Regel, denn die Tauben konnten ohne viel zusätzliche Arbeit gehalten werden. Sie lieferten neben dem begehrten Fleisch einen hochwertigen Dung und nicht zuletzt waren sie eine Freude für das Auge in einer arbeitsreichen Welt. In den Städten war das Flugvermögen der Tauben besonders geschätzt und zwischen den Züchtern wurden Wettkämpfe abgehalten.

Erst in neuerer Zeit mit einer industriell geprägten Landwirtschaft und dem Untergang der alten Stadtstrukturen am Ende des 2. Weltkrieges wandelte sich die Taubenhaltung und die Einstellung zu Tauben grundlegend; und doch gibt es noch immer viele Menschen, die sich für die Taubenhaltung interessieren. Dieses Buch soll ein kleiner Leitfaden für diejenigen sein, die sich dieser Freizeitbeschäftigung bereits widmen oder dies möchten, und den täglichen Umgang mit dem oft missverstandenen Haustier „Taube" erleichtern.

Interesse und Verantwortung

Tauben sind die ältesten Haustiere des Menschen, denn ihre Haustierwerdung, die **Domestikation**, begann vor etwa 6000 Jahren im Zweistromland Mesopotamien, dem heutigen Irak. Durch die Sesshaftwer-

Das richtige Festhalten der Taube fördert das Vertrauen des Tieres.

dung der Menschen mit Ackerbau und ständiger Wasserquelle sowie dem Bau fester Behausungen wurden die Voraussetzungen für die dauerhafte Ansiedlung wilder Felsentauben in Menschennähe geschaffen. Die **Felsentaube** (*Columba livia*) ist nachgewiesenermaßen die Urform aller heute bekannten Taubenrassen – und dies sind immerhin fast 400. Für den Laien ist es kaum vorstellbar, dass diese Vielzahl an Rassen, mit ihren Zeichnungsmustern und ihrer Farbenvielfalt von einer einzigen Taubenart abstammt, die sich in ihrem Erscheinungsbild kaum von der in unseren Städten lebenden, wilden Stadttaube unterscheidet.

Tauben gehören noch heute zu den Haustieren, die in absoluter Freiheit gehalten werden können und die dennoch immer wieder zu ihren Menschen zurückkehren. Offenbar besteht zwischen der Taube und dem Menschen eine enge, unsichtbare Bindung. Die Standorttreue zeigen eigentlich alle Tauben, sofern die Versorgung und die Möglichkeit zum Brüten gewährleistet sind. Dabei darf man bei der Beurteilung der Haltungsumwelt nicht vom menschlichen Empfinden ausgehen, sondern muss die ureigenen Instinkte und Bedürfnisse der Tiere berücksichtigen. Am meisten ausgeprägt ist die **Standorttreue** bei den Brieftauben, die zum Teil über mehrere Hundert Kilometer in den heimischen Schlag zurück fliegen.

Überlegungen vor dem Beginn

- Habe ich die Zeit, mich täglich um die Tauben zu kümmern?
- Habe ich während der Urlaubszeit eine verlässliche Vertretung?
- Wie stehen meine Nachbarn zur Taubenhaltung?
- Wo kann ich meine Tauben unterbringen?
- Kann ich meine Tauben im Freiflug halten oder brauche ich eine Voliere?
- Was geschieht mit dem anfallenden Mist?
- Was geschieht mit den Tauben, die ich nicht zur Zucht benötige?

Die Beweggründe für die Taubenhaltung und ihr Sinn haben sich in den vergangenen Jahrzehnten verändert. Aus dem im Vordergrund stehenden Nutzgedanken hat sich eine sinnvolle Freizeitbeschäftigung entwickelt, die den Menschen in einer immer hektischer werdenden Gesellschaft Entspannung und Erholung bietet. Zahlreiche Studien belegen, dass Menschen, die täglichen Umgang mit Tieren haben, von den sogenannten Zivilisationskrankheiten erheblich weniger betroffen sind als Menschen, die ohne Tiere leben. Für Kinder und Jugendliche schafft die Beschäftigung mit Tieren eine feste Basis für ein eigenverantwortliches und fürsorgliches Handeln. Die Taubenhaltung kann so zu einem wichtigen Bindeglied zwischen den Generationen werden.

Tauben in ihrem ureigenen Element – der Luft.

Natürliches Umfeld

Die Taube ist ein Flugvogel, die Luft ist ihr natürliches Element. Den meisten Taubenrassen ist ihr Flugvermögen uneingeschränkt erhalten geblieben. Sie würden, wenn ihnen die Gelegenheit zum **Freiflug** gegeben würde, mehrmals täglich in weiten Kreisen um ihren Taubenschlag fliegen, um anschließend in direkter Nähe desselben auszuruhen und zu sitzen. Durch die damit nicht zu verhindernde Verschmutzung des Daches mit Kot ist man in dicht besiedelten Gegenden dazu übergegangen, die Tauben in geräumigen **Volieren** zu halten. Dies ist ein idealer Ersatz. Denn neben der besseren Überschaubarkeit sind die Tauben dort vor Greifvögeln und sonstigem Raubzeug sicher untergebracht.

Wenige Rassen haben aufgrund ihrer Körperfülle oder Federstruktur das Flugvermögen mehr oder weniger eingebüßt, sodass sie zum Schutz vor Raubzeug in Volieren gehalten werden müssen. Gegen einen unter Aufsicht stattfindenden Auslauf im Garten, wie bei Hühnern üblich, ist aber nichts einzuwenden.

Die meisten **Taubenschläge** befinden sich nicht mehr auf dem Dachboden des Hauses, sondern sind separate Gebäude im Garten, sogenannte Gartenschläge. Die Taube als Haustier lebt demnach nicht im direkten Umfeld des Menschen wie Hund oder Katze. Daraus ergibt sich, dass die Tauben bei jedem Wetter und zu jeder Jahreszeit außerhalb des Hauses versorgt werden müssen.

Rechtliches

Selbst bei einer kleinen Taubenhaltung muss man sich an gewisse gesetzliche Rahmenbedingungen halten und vor der Anschaffung der Tauben abklären, ob man diese einhalten kann. Im Hinblick auf ein gutes nachbarschaftliches Verhältnis sollte man zuerst abklären, ob von dieser Seite Einsprüche zu erwarten sind. Bei einer Volierenhaltung kann man die meisten Nachbarn im positiven Sinn von der Taubenhaltung überzeugen, denn sie ist weder mit einer Schmutz- noch mit einer Geräuschbelästigung verbunden.

Anders kann es hingegen mit den **baurechtlichen Vorschriften** sein, die jedes Bundesland für sich regelt. Ist man auf den Neubau eines Taubenschlages im Garten angewiesen, muss man sich beim zuständigen Baurechtsamt informieren, welche Voraussetzungen und Bestimmungen zu beachten sind. Selbst bei der Umnutzung eines bereits vorhandenen Gebäudes oder einer Gartenhütte sollte man sich sicherheitshalber im Vorfeld kundig machen.

In den meisten Bundesländern ist eine Taubenhaltung in geringem Umfang, also 5 bis 10 Paare zuzüglich Nachzucht, selbst in reinen Wohngebieten statthaft. Wenn von den Nachbarn keine Einwände gegen die Taubenhaltung zu erwarten sind, entscheiden viele Behörden heute durchaus im Sinne der Taubenhaltung.

Während die Baurichtlinien von Bundesland zu Bundesland verschieden sind, geltend die **tierschutzrechtlichen Vorschriften**, die im Tierschutzgesetz verankert sind, bundesweit. Darin ist unter anderem geregelt, dass jeder, der ein Tier hält, betreut oder zu betreuen hat,

Zwei Schwergewichte machen Siesta und genießen die Sonnenstrahlen.

Unabhängig von Größe und Rasse wirbt der Täuber um die Gunst der Täubin.

1. es seiner Art und seinen Bedürfnissen entsprechend angemessen ernähren, pflegen und verhaltensgerecht unterbringen muss,
2. die Möglichkeit des Tieres zu artgemäßer Bewegung nicht so einschränken darf, dass ihm Schmerzen oder vermeidbare Leiden oder Schäden zugefügt werden,
3. über die für eine angemessene Ernährung, Pflege und verhaltensgerechte Unterbringung des Tieres erforderlichen Kenntnisse und Fähigkeiten verfügen muss.

Jeder verantwortungsbewusste Tierhalter sollte darum bemüht sein, diese Vorschriften einzuhalten, denn sie sind die ethischen Grundlagen für den Umgang mit einer von ihm abhängigen Kreatur. Obwohl für Taubenhalter noch kein Sachkundenachweis verlangt wird, bietet der **Bund Deutscher Rassegeflügelzüchter**, die Dachorganisation der organisierten Flug- und Rassetaubenhalter, kostenlos eine sogenannte Züchterschulung an, die unter anderem die Grundlagen für eine tiergerechte und tierschutzkonforme Haltung der Tauben vermittelt. Diese Züchterschulung ist jedem Taubenhalter zu empfehlen. Ersten Kontakt erhält der Interessent am besten über den örtlichen Kleintierzuchtverein.

Ebenfalls unterschiedlich sind die **seuchenrechtlichen Vorschriften** geregelt, die im Hinblick auf Vogelgrippe relevant sind. Grundsätzlich sind Tauben keine Überträger des Vogelgrippe-Virus H5N1. Damit entfällt auch die strikte Stallhaltungspflicht, wie sie für sonstiges Geflügel in den entsprechenden Zeiträumen gilt. Dennoch haben es die meisten Kreisveterinärämter zur Auflage gemacht, die Taubenhaltung anzuzeigen. Man sollte sich deshalb beim zuständigen Veterinäramt nach den derzeit gültigen Bestimmungen im jeweiligen Landkreis erkundigen und demnach verfahren.

Eigenheiten und Bedürfnisse der Tauben

Unsere vielen Taubenrassen stammen von der Felsentaube ab. Trotz ihres unterschiedlichen Erscheinungsbildes in Bezug auf Größe, Gewicht und Federstruktur haben sie sich einige gemeinsame Eigenheiten und Bedürfnisse erhalten. Diese zu erfüllen, sollte oberstes Ziel des Halters sein, um stets Freude an seinen Tieren zu haben.

Welche Rasse eignet sich am besten?

Je nach optischer Taubengröße wird die Flughöhe eingeordnet.

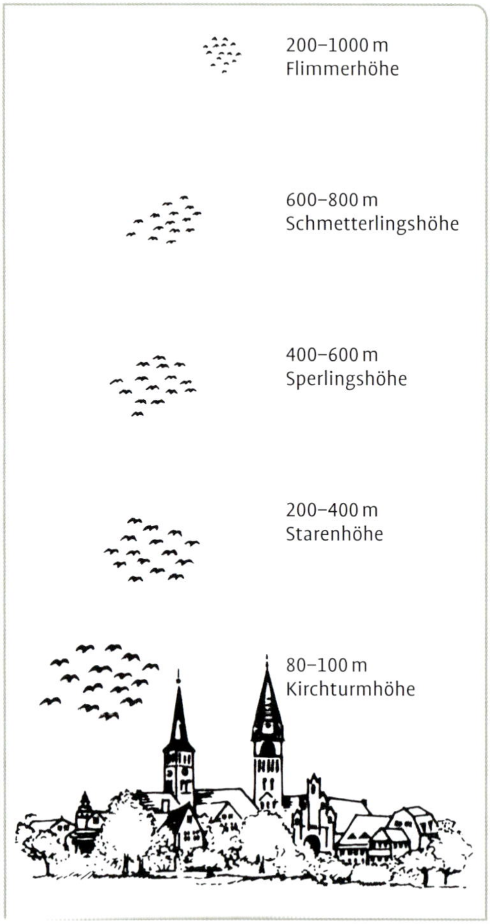

Diese Frage lässt sich nicht so leicht beantworten. Zuvor muss geklärt werden, welche Erwartungen man an die Taubenrasse hat. Man unterscheidet drei grundlegende Taubentypen. An erster Stelle kann man die bekannten **Brieftauben** nennen. Sie werden schon immer auf Leistung, das heißt Flugschnelligkeit und Zielfindung gezüchtet. Als „Rennpferd des kleinen Mannes“ sind sie berühmt geworden. An zweiter Stelle gibt es die verschiedenen **Flugtaubenrassen**. Sie zeigen ein bestimmtes Flugverhalten wie Purzeln, Sturzfliegen, Drehfliegen oder Hochfliegen. Es gibt mehrere Rassen, die sich im Erscheinungsbild zum Teil ganz gravierend unterscheiden. In speziellen Flugtaubenvereinen gibt es Wettbewerbe, die das Flugverhalten dieser Rassen, wie Birmingham Roller, Kopenhagener Elstern, Wiener Hochflieger, bewerten. Als weitere Gruppierung werden die **Rassetauben** angesehen. Sie umfassen die größte Rassenvielfalt. Ihre Züchter sind zumeist in den örtlichen Kleintierzuchtvereinen oder rassespezifischen Sondervereinen organisiert. Ihre Zucht wird schwerpunktmäßig auf das rassetypische, äußere Erscheinungsbild ausgerichtet, das im Deutschen Rassetaubenstandard genau festgelegt ist. Zur besseren Strukturierung unterteilt man die Rassetauben nochmals in zehn Untergruppen.

Während für die **Brieftauben- und Flugtaubenzucht** und die Teilnahme an Wettbewerben der Freiflug unverzichtbar ist, werden die meisten Rassetauben heute in Volieren gehalten. Die Volierenhaltung ist bei allen Rassen möglich, doch das attraktive Flugverhalten, das einige Rassen aus-

Unterteilung nach dem Deutschen Rassetaubenstandard

Formentauben
Rassen, bei denen die typische Form an erster Stelle steht. Sie unterscheiden sich dabei zum Teil ganz erheblich in Größe, Farbe und Zeichnung.

Huhntauben
Sie zeigen eine huhnähnliche Form mit angezogen getragener Schwanzpartie. Sehr große Huhntaubenrassen fliegen kaum.

Warzentauben
Bei ihnen sind die taubentypischen Schnabelwarzen und Augenringe vergrößert. Die Warzentauben gehören zu den ältesten Taubenrassen und stammen von alten Botentauben ab.

Kropftauben
Durch Zuchtauswahl wurde das Balzmerkmal der Tauben, der luftgefüllte Kropf, züchterisch vervollkommnet. Unter den Kröpfern gibt es sehr kleine, zarte, aber auch sehr große, derbe Rassen. Allen gemein ist die Zutraulichkeit gegenüber dem Menschen.

Farbentauben
Sie entsprechen größtenteils den üblichen Vorstellungen im Erscheinungsbild von Tauben. Sie zeichnen sich durch eine große Farben- und Gefiederzeichnungsvielfalt aus.

Trommeltauben
Das typische Gurren der Tauben ist bei den Trommeltaubenrassen so ausgeprägt, dass sie richtige Trommellaute von sich geben. Es gibt recht unterschiedliche „Trommler“ innerhalb dieser Rassengruppe.

Strukturtauben
Eine besondere Federstruktur zeichnet diese Rassen aus. Sie sind zumeist sehr zutraulich und brauchen eine besondere Pflege.

Mövchentauben
Die Federkrause am Vorderhals ist das gemeinsame Merkmal dieser Rassen. Sie sind meist klein und sehr zutraulich. Bei den kurzschnäbligen Mövchenrassen braucht man Ammentauben, um die Küken aufzuziehen.

Tümmler
Zu dieser größten Rassengruppe gehören auch die ursprünglichen Flugtauben. Durch Zucht auf Schönheit haben allerdings die meisten ihre ursprünglichen Flugspielkünste verloren. Sie unterscheiden sich zum Teil ganz gravierend in ihrem Erscheinungsbild.

Spielflugtauben
Hier werden die Rassen zusammengefasst, die neben der Zucht auf Schönheitsmerkmale ein sehr charakteristisches Flugspiel zeigen.

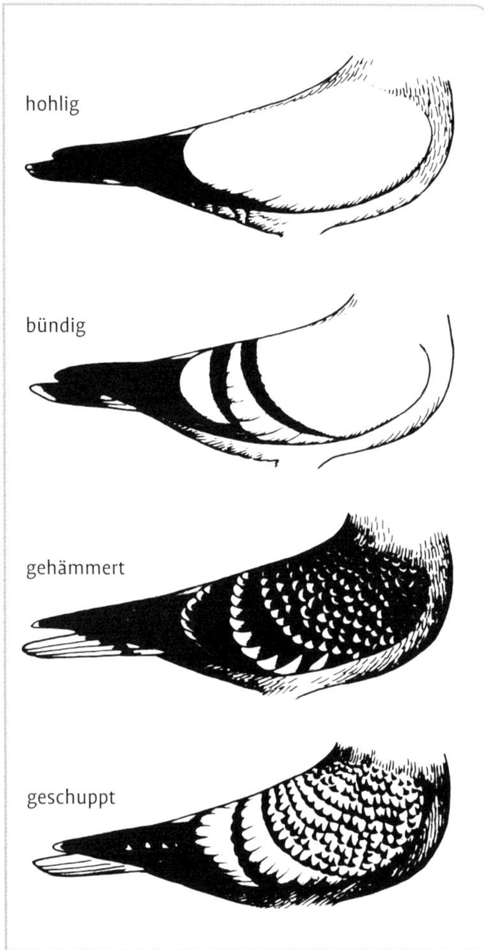

Übliche Flügelzeichnungsmuster von Tauben.

zeichnet, kann so nicht mehr ausgeführt werden. Auch um sich einen Überblick über die Vielzahl an Rassetauben machen zu können, ist entsprechende Fachliteratur oder noch besser der Besuch einer großen Kleintierschau zu empfehlen, wo man mit Züchtern ins Gespräch kommen kann.

Als ideale Vorgehensweise bei der Auswahl der geeigneten Rasse darf man ruhig darauf achten, welche Rasse einem am besten gefällt. Bei der Vielzahl der zur Auswahl stehenden Rassen werden dies zumeist mehrere sein. Bei genauerer Betrachtungsweise kommen dann einige schon von vorneherein nicht in Frage, weil sie beispielsweise ein flüchtiges Wesen haben oder besondere Anforderungen an den Taubenschlag stellen. Mit der Zeit wird man die in Frage kommenden Rassen immer enger eingrenzen können und so garantiert die für sich richtige, geeignete Rasse finden.

Körperliche Besonderheiten

Tauben gehören zu den ausgesprochen flugfähigen Vögeln. Grundbedingung für das Fliegen ist ein, im Verhältnis zur Körpergröße, geringes Körpergewicht. Das sehr **leichte Skelett** besteht zu einem großen Teil aus Röhrenknochen. Die Knochenstruktur der Taube ist sehr hart und spröde, weshalb es bei Brüchen zu einer starken Splitterbildung kommt.

Wie bei allen Vögeln sind die Vordergliedmaßen zu Flügeln umgebildet. Die Umwandlung von einem Lauforgan zu einem Flugorgan erfordert jedoch auch eine entsprechende Umwandlung der einzelnen Skelettteile. Die gesamte Körperausformung ist im Hinblick auf die Flugeigenschaft stromlinienförmig. Dazu zählt auch der äußere Körperabschluss in Form von Federn. Erst sie ermöglichen der Taube das Fliegen. Darüber hinaus haben sie wichtige Funktionen bei der Regulierung des Temperaturhaushaltes. Durch das Aufplustern des **Gefieders** bei sehr kalten Temperaturen schafft die Taube ein Luftkissen um ihren Körper, das eine gute Isolierung darstellt. Daneben verringern die Federn die Verletzungsgefahr der Haut und schützen die Taube vor allzu intensiver Sonneneinstrahlung.

Im Gegensatz zu vielen anderen Vogelarten besteht das Gefieder bei Tauben größtenteils aus den Konturfedern, das ist jener Federtyp, der für die Formgebung (Kontur) maßgeblich verantwortlich ist und den überwiegenden Teil des äußerlich sichtbaren Federkleides bildet. Sie haben einen mehr oder weniger großen Flaumanteil, je nachdem, an welcher Körperregion sie sitzen. Eigentliche Daunenfedern, wie man sie vor allem bei Enten und Gänsen vorfindet, machen bei den Tauben einen vernachlässigbaren Anteil aus.

Tauben gehören zu den sehr schnell wachsenden Vogelarten. Sie sind Nesthocker, das heißt, dass sie bis zum vollständigen Ausreifen im Nest verbleiben und auf die Fütterung durch die Elterntiere angewiesen sind. Nach etwa 28 bis 30 Tagen ist das Wachstum abgeschlossen und sie können flugfähig das Nest verlassen. Während die Küken je nach endgültiger Farbgebung des Gefieders entweder vollkommen nackt oder mit gelben, länglichen Daunen schlüpfen, bildet sich bei Taubenjungen sehr bald das Kleingefieder am Körper, das für die Regulation der Körpertemperatur verantwortlich ist. Das Großgefieder, also Schwingen- und Schwanzfedern wachsen verhältnismäßig spät.

Durch die starke Beanspruchung der Federn und die dadurch bedingte Abnutzung besitzen Tauben, wie alle Vögel, einen physiologisch gesteuerten Mechanismus zur regelmäßigen Erneuerung des Gefieders – die **Mauser**. Für Tauben gilt im Allgemeinen der Herbst als Mauserzeit. Dabei ist die Erhaltung der Flugfähigkeit während des gesamten Mauserverlaufes

Unten links: Skelett einer Taube.

Unten rechts: Die Federfahne wird durch sogenannte Federhäkchen zusammengehalten.

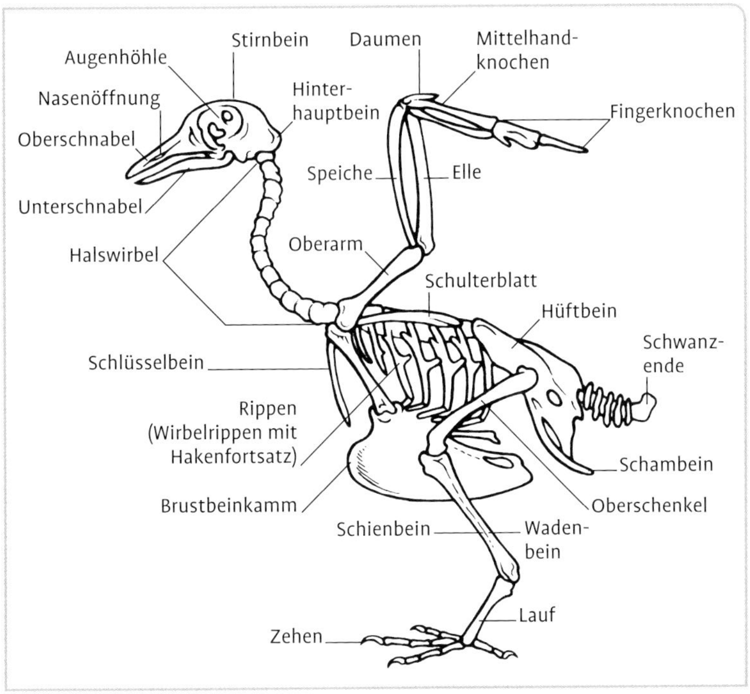

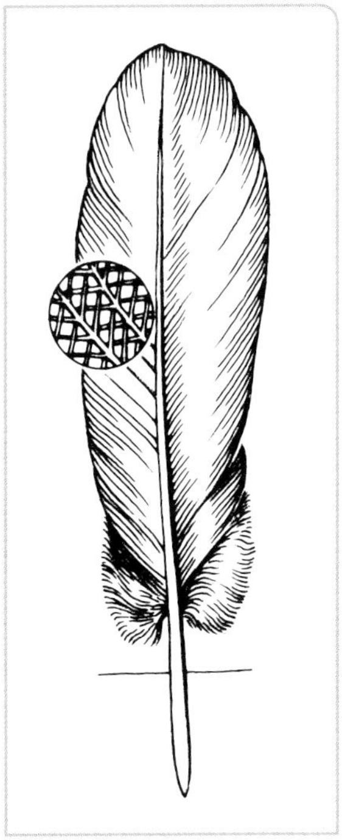

oberstes Naturgebot. Wäre sie eingeschränkt, würden die wildlebenden Tauben zu leicht Opfer ihrer natürlichen Feinde. Bei günstigen Witterungsbedingungen sind nicht wenige Tauben trotz Mauser **fortpflanzungsaktiv**. Dies unterscheidet sie von den meisten anderen Vogelarten.

Während der Wechsel der großen Schwingen- und Schwanzfedern kaum auffällt, entstehen beim Mausern des Kleingefieders ganz erhebliche Federmengen. Die Hauptmauserzeit dieses Kleingefieders ist etwa im Monat August. Während Alttiere jedes Jahr ihr gesamtes Gefieder mausern, machen die Jungtiere in ihrem ersten Lebensjahr zumeist nur eine Teilmauser durch. Sie mausern erst im zweiten Lebensjahr ihr gesamtes Federwerk.

Verhalten

Täuber zeigen zum Teil ein recht aggressives Verhalten und verteidigen ihr Revier massiv.

Neben den körperlichen Besonderheiten muss man das artspezifische Verhalten von Tauben kennen, wenn man sie art- und rassegerecht halten möchte. Die Ethologie, also die Wissenschaft vom Verhalten der Tiere, hat sich in den letzten Jahrzehnten vermehrt der Tauben angenommen. Sie unterscheidet dabei verschiedene Funktionskreise, wie das Fressverhalten, Ruheverhalten, Paarungsverhalten und das **Sozialverhalten**. Gerade Letzteres sollte sorgfältig beachtet werden, um seinen Tauben ein artgerechtes Dasein zu ermöglichen und aggressives Verhalten der Tauben zu vermeiden.

Tauben gehören zu den in Gemeinschaft lebenden Vögeln. Sie sind von ihrem Ursprung her Höhlenbrüter und schreiten bevorzugt in Kolonien zur Brut. Dabei gehen sie eine meist lebenslange Beziehung zu ihrem Partner ein und bilden innerhalb der Kolonie eine in sich geschlossene Familie, die ihr beanspruchtes Territorium massiv verteidigt.

Diese Verteidigung kann sich in kräftigem Flügelschlagen bis hin zum Picken mit dem Schnabel gegen die Artgenossen äußern. Die Heftigkeit solcher Auseinandersetzungen hängt auch von der Rasse ab und steht in Zusammenhang mit Temperament, Körpermasse und Fluggewandtheit. Grundsätzlich kann man sagen, dass die Tauben Kolonienbrüter sind und die direkte Umgebung der Artgenossen suchen. Bei zu enger Vergesellschaftung kommt es allerdings häufiger zu Attacken gegeneinander; die **Individualdistanz**, also der Abstand, den ein Tier zum anderen einhalten möchte, beträgt etwa 30 bis 35 Zentimeter, variiert jedoch von Rasse zu Rasse.

Da es Rassen mit einer Veranlagung zu aggressivem Verhalten gibt, ist es zu empfehlen, sich vorher beim Züchter zu informieren. Obwohl auch Täubinnen zum Teil ein striktes Revierverhalten zeigen, ist dieses bei den Täubern stärker ausgeprägt. Allein schon deshalb sollte man es unterlassen, ledige Täuber im Schlag zu belassen. Sie stören, wenn

Jeder Täuber demonstriert seinen Besitzanspruch an der Nistzelle.

nicht sogar zerstören, das Brutgeschäft der anderen Paare massiv. Nimmt man dies zur Kenntnis, kann man daraus schließen, dass im Taubenschlag die Tierzahl der Anzahl an Sitzplätzen angepasst werden muss. Ein Missverhältnis führt zu großer Unruhe und sollte deshalb vermieden werden. Innerhalb der Tauben herrscht eine natürliche **Rangordnung**, die jedoch nicht so deutlich ausgeprägt ist wie bei Hühnervögeln. Auffälligstes Merkmal ist, dass die ranghöchsten Tiere, und hier vornehmlich Täuber, die höchst gelegenen Sitzmöglichkeiten und Nistzellen beanspruchen.

Mit der Friedfertigkeit dieses symbolhaften Tieres ist es demnach nicht weit her. Dennoch wäre es falsch, den Tauben überdurchschnittliche Aggressivität zu unterstellen. Sie verteidigen lediglich ihr Revier. Sind die Rahmenbedingungen, wie Taubenschlageinrichtung und **Besatzdichte** zu Schlagraum, angemessen, können Tauben ihr eigentlich friedfertiges Wesen ausleben.

▲

Coburger Lerchen

Die Rasse entstand aus zart gefärbten Feldtauben und hat sich im Lauf der Zeit zu recht kräftigen Formentauben entwickelt, die im ausgewachsenen Zustand 700 Gramm wiegen. Sie sind immer glattköpfig und glattfüßig. An die Haltung stellen sie keine besonderen Ansprüche und sie sind als sehr fürsorgliche Eltern bekannt. Durch ihre Größe brauchen sie relativ große Taubenschläge und vor allem Nistzellen, da es sonst zu heftigen Auseinandersetzungen unter den Tieren kommen kann. Coburger Lerchen kennt man nur in drei sehr zarten Farbenschlägen, und zwar Silber ohne Binden, Silber mit Binden und Gelercht. Die Zartheit der Farben wird durch sehr viel Federstaub erreicht, was unter Umständen zu berücksichtigen ist.

Rassengruppe	Formentauben
Ringgröße	9 mm
Betreuender Verein	Sonderverein der Züchter Coburger Lerchen. Uwe Wenzel, Siemauer Str. 5, 96253 Untersiemau

Lahore

Die ersten Lahore kamen als Lebendfutter auf Schiffen nach Europa. Unzweifelhaft gehören Lahore mit ihrer einzigartigen Mantelzeichnung zu den am schönsten gezeichneten Taubenrassen überhaupt. Sie besitzen ein sehr ruhiges Wesen und sind nicht zänkisch. Vor allem Frauen sind immer wieder von der Rasse aufgrund ihres Wesens und ihrer Erscheinung fasziniert. Die Beine sind mittellang befiedert, was die Tiere aber keinesfalls einschränkt. Die Nachzucht wird von den Lahore sehr zuverlässig betreut. Genügend große Nistzellen und einen nicht zu kleinen Schlag sollte man ihnen anbieten. Freiflug sollte man nur kontrolliert gewähren. Lahore werden in 12 verschiedenen Farbenschlägen gezüchtet.

Rassengruppe	Formentauben
Ringgröße	11 mm
Betreuender Verein	Sonderverein der Lahorezüchter. Dr. Friedhelm Bartnik, Melanchthonstr. 11, 40597 Düsseldorf

▼

▲

Mährische Strasser

Im Gegensatz zum „gewöhnlichen" Strasser, der sehr schwerfällig geworden ist und über ein äußerst lockeres Gefieder verfügt, haben sich die Mährischen Strasser alle guten Eigenschaften einer ursprünglichen Wirtschaftstaube erhalten. Sie können noch heute im Freiflug gehalten werden und sind sehr zuverlässige Eltern frohwüchsiger Jungtiere. Vor allem die sogenannten Lackfarbenschläge bestechen durch ihre sehr glanzreiche Farbe und ziehen bewundernde Blicke auf sich. Es gibt Mährische Strasser aber auch in anderen Farbenschlägen, wobei vor allem die Gesäumten hervorzuheben sind. Farbig sind der Kopf mit einem Latz, die Flügelschilder samt Schwingen und das Schwanzgefieder. Daneben gibt es noch sehr selten weißschwänzige Mährische Strasser.

Rappe	Formentauben
Ringgröße	8 mm
Betreuender Verein	Sonderverein der Züchter Mährischer Strasser und Prachener Kanik. Josef Michels, Am Schaffer 6, OT Schwaig, 93333 Neustadt

Deutsche Schautauben

Die Deutsche Schautaube hat sich aus der ehemaligen Schönheitsbrieftaube entwickelt. Sie zeichnet sich durch ein sehr straffes Gefieder und eine waagerechte Körperhaltung aus. Besonderer Wert wird auf das Kopfprofil gelegt, das schön gezogen erscheinen soll. Als Nachkömmlinge von Brieftauben haben sich die Deutschen Schautauben ein sehr ruhiges Wesen erhalten. Man kann sie zwar im Freiflug halten, doch sind die meisten heute in Volieren zu finden. An die Unterbringung stellt die Rasse keine sehr hohen Anforderungen. Leider sind nicht alle Deutschen Schautauben zuverlässige Eltern, sodass man Tiere aus entsprechenden Linien erwerben sollte. Man kennt die Rasse in allen Brieftaubenfarben, sogar Weiße und Gescheckte sind bekannt.

Rassengruppe	Formentauben
Ringgröße	9 mm
Betreuender Verein	Sonderverein der Züchter Deutscher Schautauben. Marcus Duda, Hinter dem Heiligen Geist 14, 32657 Lemgo

▼

Unterbringung

Rechte Seite:
Der Freiflug ist heute leider eher selten geworden. Dennoch hat er nichts von seiner Faszination eingebüßt.

Da die Taubenhaltung nur in den geringsten Fällen ökonomischen Grundsätzen gerecht werden muss, kann sie für den gestressten Menschen ein echter Hort der Erholung und Entspannung sein. Wenn diese Haltung unter möglichst naturnahen Bedingungen und in einem ansprechenden Umfeld möglich ist, sind die idealen Voraussetzungen für ein harmonisches Mensch-Taube-Verhältnis gegeben.

Platz ist in der kleinste Hütte, könnte man meinen, wenn man die Taubenschläge früherer Zeit auf manchen alten Bauernhöfen noch sieht. Oft sind es schlichte Kisten, die unter das Vordach der Scheune gehängt wurden. Andernorts sieht man hin und wieder die bekannten Taubentürme oder Taubenkobel, die zumeist den Mittelpunkt des Hofes markieren und wahre handwerkliche Kunstwerke sein können. Dies alles sind aus heutiger Sicht jedoch Relikte, die den Anforderungen an eine zeitgemäße Taubenhaltung nicht entsprechen. Es müssen auch heute noch keine „Taubenvillen" sein, um Freude an den Vögeln haben zu können, denn sie sind, was die Unterbringung betrifft, sehr anspruchslos.

Wie man an den wildlebenden Stadttauben unschwer erkennen kann, sind, Futter und Wasser vorausgesetzt, Tauben unter unseren klimatischen Bedingungen das ganze Jahr hindurch im Stand, Jungtiere aufzuziehen. Ein Schutz in Form einer fest umschlossenen Hütte wäre also nicht dringend erforderlich. Das trifft jedoch nur für die Stadttauben zu.

Für unsere Tauben, die wir als Haustiere halten, kann und darf dies nicht der Maßstab sein. Im Interesse der Tiergesundheit ist ein **Taubenschlag** unabdingbar. Dabei haben die Faktoren Schutz vor Zugluft, genügende Lüftung und absolute Trockenheit im Schlaginnern höchste Priorität.

Zugluft ist bekanntlich für jede Tierart und selbst für uns Menschen schädlich. Da Tauben einen sehr großen Umsatz an Frischluft haben und relativ anfällig für Rachen- und Schleimhauterkrankungen sind, muss für einen regelmäßigen und vor allem ausreichenden Luftaustausch gesorgt werden. **Trockenheit** im Schlag ist aber wohl die wichtigste Forderung.

Denn durch ein trockenes Klima können viele Krankheiten im Vorhinein ausgeschaltet werden.

Da Tauben gegenüber Kälte und Wärme nicht empfindlich sind, dürfen sie das ganze Jahr hindurch ins Freie. Stallhaltung über einen längeren Zeitraum, wie bei Hühnern, entfällt bei den Tauben (siehe Seite 9). Trotzdem sollte die Taubenschlaggröße so gewählt werden, dass sich die Tiere über einen längeren Zeitraum darin wohlfühlen. Ideal ist es, wenn die **Größe** so bemessen wird, dass neben dem eigentlichen Taubenschlag noch Platz für Futter, Gerätschaften und eventuell die Schlagapotheke zur Verfügung steht. Ebenfalls sollte man bedenken, dass für den Halter selbst etwas Platz vorhanden sein sollte, damit er seine Tauben im Trockenen beobachten kann. Werden die Tauben nicht im Freiflug gehalten, muss die Voliere direkt an den Taubenschlag gebaut werden und in ihrer Größe der Anzahl der Tiere und dem Bewegungsbedürfnis der jeweiligen Rasse entsprechen.

Integriert man Taubenschlag und Voliere in das nähere Lebensumfeld des Menschen, zum Beispiel die Gartengestaltung, wird man als Taubenhalter seine Freude daran haben und die bewundernden Blicke der Besucher auf sich und seine Freizeitbeschäftigung ziehen.

Taubenschlag

Die Entscheidung, sich einen Taubenschlag zu bauen und die Tauben zu halten, ist meist keine Kurzschlussreaktion. Sie sollte gut durchdacht sein. Hat man sich aber dazu entschlossen, müssen viele Vorüberle-

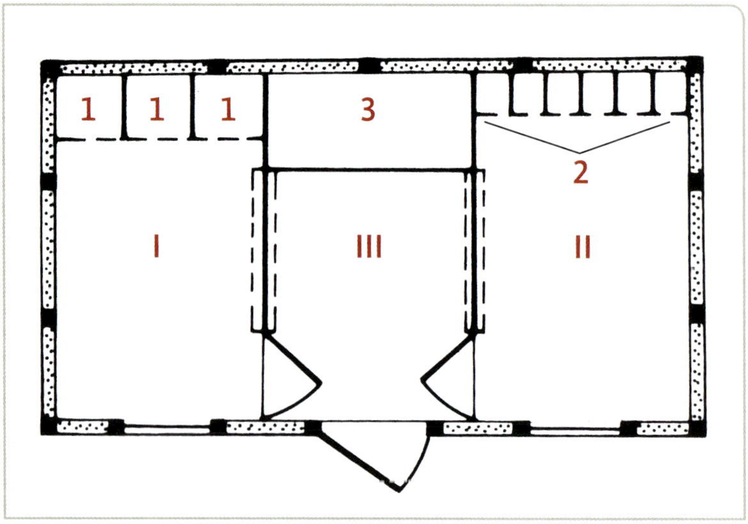

I = Zuchtschlag,
II = Jungtierschlag,
III = Vorraum,
1 = Nistzellen,
2 = Sitzregale,
3 = Futterkiste.

gungen angestellt werden. An erster Stelle steht dabei wohl der Standort des Taubenschlages.

Eine schöne Bepflanzung macht die Voliere zu einem echten Schmuckstück im Garten.

Standort

Zuerst sollte man prüfen, ob nicht ein schon vorhandenes Gebäude, wie eine Gartenhütte, ein Teil der Garage oder Ähnliches zum Taubenschlag umgenutzt werden kann. Dies ist meistens eine preisgünstige Alternative und ohne viel Aufwand zu realisieren.

Besteht diese Möglichkeit nicht, muss man sich mit einem Neubau beschäftigen, der natürlich den riesigen Vorteil mit sich bringt: der künftige Taubenschlag kann den Bedürfnissen der Tauben und des Halters angepasst werden. Auch ist noch einmal darauf hinzuweisen, wie wichtig es ist, sich mit den rechtlichen Vorschriften vertraut zu machen, damit die Freude am neuen Taubenschlag auch dauerhaft ist.

Bei der Wahl des geeigneten **Standortes** für den Taubenschlag sollte garantiert sein, dass dieser an einem trockenen Ort steht und selbst bei starken Regenfällen kein Wasser eindringen kann. Der Standort sollte für den Halter auch unter ungünstigen Witterungsverhältnissen (Schnee, Regen, usw.) ohne größere Einschränkungen erreichbar sein. Das Anlegen eines befestigten **Weges** muss dafür eventuell in die Planung mit einbezogen werden. Da Tauben Wärme lieben, sollte man die **Richtung** der Fensteröffnungen so planen, dass auch die tief stehende Wintersonne noch genügend Licht und Wärme ins Schlaginnere bringt, nach **Süden** oder **Südosten** also.

Baumaterial

Sowohl Holz als auch Mauerwerk bieten sich für den Schlagbau an. Holz hat den Vorteil, dass es mit einfachen handwerklichen Mitteln bearbeitet werden kann und der Taubenschlag sich relativ erwärmt, was den Tauben sehr gefällt. Er kühlt jedoch genauso schnell wieder aus. Will man dies verhindern, wird man um eine Isolierung nicht umhin kommen, die idealerweise direkt hinter die Holzverschalung angebracht wird. Mauerwerk braucht im Normalfall keine zusätzliche Isolierung. Durch das Baumaterial Stein und die Wanddicke erwärmen sich gemauerte Schläge deutlich langsamer, wobei die Wärme länger gespeichert wird.

Vorgebaute Volieren lassen den auf Seite 20 im Grundriss gezeichneten Taubenschlag zu einer praktikablen Zuchtanlage werden.

Ideale Taubenschläge findet man sowohl in **Holz**- als auch in **Mauerbauweise**. Die Wahl des entsprechenden Baumaterials hängt also vorwiegend von den Vorlieben des Bauherrn, der Verfügbarkeit der Rohstoffe und nicht zuletzt von den finanziellen Mitteln ab, die zur Verfügung stehen. Es ist auch sinnvoll, das Baumaterial so zu wählen, dass sich der Taubenschlag in das Bild des Gartens harmonisch einfügt.

Bau des Schlages

Sind die Vorüberlegungen abgeschlossen, kann man mit dem Bau beginnen. Der hier beschriebene und vorgestellte Taubenschlag ist so ausgelegt, dass darin eine kleine Zucht betrieben werden kann. Er wurde großzügig bemessen, weil die Erfahrung zeigt, dass man zu Beginn gerne zu klein baut und später immer wieder anbauen muss. Diesbezüglich soll davor gewarnt werden, den Taubenschlag zu primitiv zu bauen, da die Versorgung der Tauben bei widrigen Witterungsverhältnissen sonst zur Plage werden kann. Im schlimmsten Fall verliert man vielleicht sogar die Freude an seinen Tauben – und dies wäre genau das Gegenteil dessen, was man eigentlich möchte.

Voraussetzung für einen dauerhaften Bestand des Taubenschlages ist ein **Fundament**. Dieses wird am besten als Streifenfundament aus Beton angefertigt, wobei das Fundament etwa 20 cm breit sein und, um eine absolute Frostsicherheit des Fundamentes zu gewährleisten, etwa 80 Zentimeter tief in das Erdreich eingelassen werden sollte.

Was muss ich beim Taubenschlagbau beachten?

- Benötige ich eine Baugenehmigung durch das Baurechtsamt?
- Wie groß möchte ich bauen?
- Wo soll der Standort des Taubenschlages sein?
- Welches Baumaterial möchte ich verwenden?
- Muss ich Platz für eine Voliere berücksichtigen?

Zur Anfertigung eines Streifenfundamentes müssen zuerst **Fundamentgräben** ausgehoben werden, in die der angemischte Beton gefüllt wird; Bretter an den Seiten des Grabens verhindern eine Verschmutzung mit Erde. Der Beton sollte zwischendurch stets verdichtet werden.

Wenn das Niveau des Bodens erreicht ist, wird eine Schalung um den Graben gelegt, die in Höhe und Flucht genau ausgerichtet ist; mit Schraubzwingen und Abstandshölzern kann man die Schalung in Form halten. Ist die gewünschte Höhe mit Beton aufgefüllt, wird die Oberfläche mit einem Holz plan abgezogen. Nach ein bis zwei Tagen kann die Schalung entfernt werden und nach etwa drei Wochen ist das Fundament ausgehärtet. Wem dieser Aufwand zu groß ist, kann für das Fundament auch Stellplatten verwenden, die in den Höhen von 20, 25 und 30 Zentimeter im Handel erhältlich sind. Sie können mit feuchtkrümeligem Beton angehäuft werden und lassen sich passend aneinanderstellen.

Ein kleiner, auf Stelzen stehender Taubenschlag. Für schwere Taubenrassen ist alternativ ein Einlaufloch samt Treppe vorgesehen.

Da es sinnvoll ist, im späteren Taubenschlag über einen **Stromanschluss** zu verfügen, sollte man während der Einschalungsarbeiten für die Fundamente ein Leerrohr einlegen, wodurch später die Kabel gezogen werden können. Bei Stellplatten sollte das Leerrohr vor dem Stellen der Platten verlegt werden; der Fachhandel bietet dazu witterungsbeständige und druckstabile Rohre an. Um ein Eindringen von Schädlingen durch den **Schlagboden** zu verhindern, ist es ratsam, diesen zu betonieren. Zuerst wird die Fläche zwischen den Fundamenten mit einer Schaufel einigermaßen begradigt, sodass die Höhe bis zur Fundamentoberkante etwa 15 bis 20 Zentimeter beträgt. Auf die Erdschicht füllt man dann etwa 5 bis 10 Zentimeter groben Mineralbeton als **Sauberkeitsschicht** und zieht diesen gerade. Anschließend legt man darauf eine dickere, wasserdichte Folie als **Dampfsperre**. Der eigentliche Beton wird erst danach in einer Höhe von etwa 10 Zentimetern eingebracht. Damit sich später keine großen Risse bilden, sollte man eine Gittermatte, eine sogenannte **Armierungsmatte**, zwar vollflächig, aber etwa in der Höhenmitte einbringen.

Da die benötigte Betonmenge im Normalfall nicht besonders groß ist, kann man diesen ohne größeren Aufwand selbst herstellen. Entscheidet man sich dafür, können die Teilmengen nach und nach angemischt werden. Kauft man den Beton hingegen fertig, hat man unter Umständen das Problem, das die Menge sehr schnell verarbeitet werden muss und man dafür mehrere Helfer benötigt.

Sind die Fundamente auf gleicher Höhe, kann man den Betonboden mithilfe einer dicken Holzlatte abziehen, um eine glatte und plane Oberfläche zu erhalten. Wem dies noch nicht glatt genug ist, sollte die gesamte Bodenoberfläche mit einer Glättungsscheibe abreiben.

Bei der Berechnung des endgültigen Bodenniveaus des Taubenschlages sollte man beachten, dass dieses etwa 20 bis 30 Zentimeter über der umgebenden Geländehöhe liegt. Damit bleibt der Boden auch bei stärkeren Regenfällen trocken.

Taubenschläge werden im Normalfall nicht mit einer dauerhaften Einstreu versehen. Der abgegebene Taubenkot haftet also direkt am Boden. Ein Betonboden, selbst mit einem Glattstrich versehen, lässt sich auf die Dauer kaum zufriedenstellend reinigen. Deshalb ist ein **Bodenbelag** aus wasserfesten Holz-Mehrschichtplatten besser geeignet. Damit sich durch die Betonunterlage auf den Holzplatten kein Schwitzwasser bildet, sollte als Dampfsperre eine Bitumendachpappe leicht überlappend unter den Holzplatten verlegt werden. Der Zuschnitt der Mehrschichtplatten sollte bereits im Vorfeld beachtet werden, damit sich möglichst wenige Stöße bilden, denn jeder Stoß stört später bei der **Bodenreinigung** mit der Spachtel.

Beim Schlagbau ist darauf zu achten, möglichst wenig Spalten und Ritzen entstehen zu lassen, in denen sich Ungeziefer und Parasiten aufhalten können.

Die eigentlichen **Wände** werden in üblicher Holzständerkonstruktion erbaut. Gehobelte **Balken**, die nur wenig teurer sind, haben dabei den Vorteil, dass sich später der Staub kaum an ihnen festsetzt. Als Mindeststärke der Balken sollten 60 Millimeter gewählt werden. Sind im Winter größere Schneemassen zu erwarten, sollte die Stärke 100 bis 120 Millimeter betragen. Die Verbindung der Balken erfolgt über Metallwinkel, die mehrfach verschraubt werden. Die Balken, die direkt auf dem Boden aufliegen, werden mit langen Dübeln verankert. Verschalt werden die **Holzaußenwände** mit Nut- und Federbrettern. Sie sind der Witterung ausgesetzt, ihre Stärke sollte also nicht zu gering sein. Ein mehrfacher **Anstrich** mit einer Holzschutzfarbe, im Zwei-Jahres-Rhythmus wiederholt, erhöht die Lebensdauer.

Wenn man eine **Isolierung** einbringen will, so verwendet man dazu am besten Styropor, das zwischen die Balken geschnitten wird. Die **Innenseiten** der Wände müssen dann auch verkleidet werden. Hier verwendet man am besten Plattenware. Die Oberfläche ist dann sehr glatt, es bilden sich kaum Stöße und mögliches Ungeziefer kann sich nicht halten.

Werden die Holzplatten mit einer weißen Dispersionsfarbe gestrichen, wirkt der Taubenschlag sehr hell. Eine zusätzliche Desinfektion wird erreicht, indem man den Anstrich alle paar Jahre erneuert.

Es ist wichtig, die Wände absolut dicht zu verkleiden, wenn man sie isoliert. **Mäuse** lieben Styropor und bauen darin bevorzugt ihre Nester. Sollte dies jemals passieren, muss man die ganzen Wandverkleidungen abnehmen, um die Mäuse wieder los zu werden.

Die Aussparung für die **Fenster** sollte schon bei der Planung einkalkuliert werden. Fenster sollten dabei so konstruiert sein, dass sie zumindest im Sommer ausgehängt und durch einen mit Draht bespannten Holzrahmen ersetzt werden können. Viele Taubenhalter gehen im Interesse einer guten Schlagbelüftung sogar so weit und ersetzen das Fensterglas ganzjährig durch ein Drahtgitter. Der **Ausflug** für die Tauben wird je nach Haltungsform und Rasse konstruiert; kann man seine Tauben im Freiflug halten, wird er zum Schutz des Schlaginneren sehr hoch angebracht. Werden die Tauben in der Voliere gehalten, bleibt es dem Halter überlassen, sich je nach Rasse für eine geeignete Möglichkeit zu entscheiden. Bei Rassen, die sich mehrheitlich auf dem Boden aufhalten und deren Flugvermögen eingeschränkt ist, sollte man einen Ausflug direkt auf dem Boden vorsehen.

Eine Unterteilung des Einfluges sorgt dafür, dass dominante Tiere den Weg nicht versperren können.

Da das **Pultdach** einen wesentlich geringeren Aufwand erfordert als ein Satteldach, sind die meisten Taubenschläge so gestaltet. Entscheidet man sich trotzdem für ein **Satteldach**, kann der zusätzlich gewonnene Raum in der Planung berücksichtigt werden. Er findet unter Umständen als **Lagerraum** für Futter und Gerätschaften Verwendung. Die Dachvorsprünge sollten jeweils etwa 25 bis 30 Zentimeter lang sein. Die Abdeckung geschieht hauptsächlich mit Welleternitplatten, die heute asbestfrei sind. Selbstverständlich können auch Ziegel verwendet werden, doch dann ist eine entsprechende Unterkonstruktion mit Latten notwendig. An der Dachhinterkante sollte man eine **Dachrinne** mit darunter stehendem Wasserfass vorsehen, um das Regenwasser nicht einfach im Boden versickern zu lassen. Eine feuchte Schlagumgebung mit all ihren Nachteilen wäre vorprogrammiert.

Die Schlaghöhe sollte so bemessen sein, dass der Halter ohne Mühe aufrecht darin stehen kann, um den gesamten Schlag überblicken zu können. Wird die Höhe zu groß bemessen, kann das Fangen einer Taube mitunter zur regelrechten Hetzjagd ausarten, was weder dem Züchter noch der Taube zuträglich ist.

Schlagklima

Gerade das Schlagklima wird von vielen Haltern unterschätzt. Dabei ist es für das Wohlbefinden der Tauben besonders wichtig. Mit ein paar einfachen Vorrichtungen können Sie ihren Tauben ein wahres Paradies schaffen.

Checkliste für gutes Schlagklima

- Zugluft vermeiden!
- Be- und Entlüftungsklappen bereits bei der Schlagplanung berücksichtigen.
- Belüftung an der niedrigeren Wand; Entlüftung an der höheren Wand.
- Be- und Entlüftungsklappen durch engmaschiges Drahtgeflecht sichern.
- Fensteröffnungen nach Süden oder Südosten ausrichten.
- Fensterfläche beträgt ein Drittel der Schlagbodenfläche.

Lüftung

Damit sich Tauben richtig wohlfühlen, sollte der Lüftung besondere Aufmerksamkeit geschenkt werden. Tauben benötigen im Vergleich zu ihrer Körpergröße und zu anderen Haustieren viel mehr Sauerstoff. Wird diesem Bedürfnis bereits bei der Planung des Taubenschlages Rechnung getragen, benötigt man bei den üblichen Größen der Taubenbestände weiter keine technischen Hilfsmittel. Da erwärmte Luft nach oben und kalte Luft nach unten strömt, erreicht man durch einfache Be- und Entlüftungsklappen eine gute Durchlüftung des gesamten Schlaginnenraumes. Bei ungünstiger Lüftung steigt die feuchtwarme Luft auf und kondensiert in den Tot-Zonen.

Bei einem Pultdach funktioniert dieses Prinzip der **Schwerkraftlüftung** folgendermaßen: An der niedrigeren Rückwand tritt kalte, frische Luft ein und strömt nach unten. Die warme, verbrauchte Luft steigt nach oben und verlässt an den Öffnungen der Vorderwand, die um einiges höher ist, das Schlaginnere. Hängt man die Fenster aus, kann die verbrauchte Luft schneller entweichen, was für das Schlagklima von Vorteil ist.

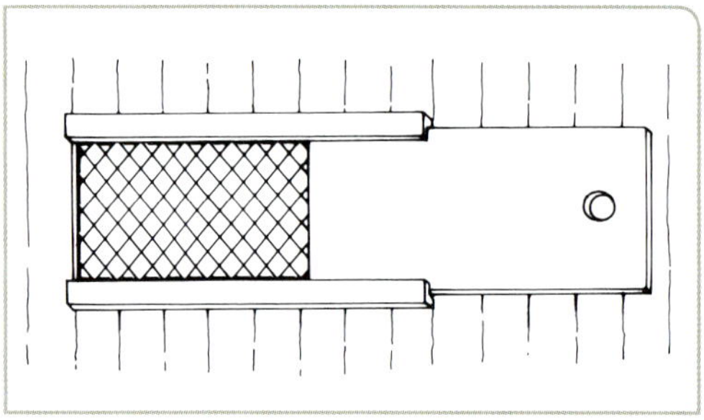

Mit einem einfachen Schieber kann die Luftzufuhr geregelt werden.

Die Be- und Entlüftungsklappen müssen mit engmaschigem Draht gesichert sein, damit keine Spatzen, Mäuse, Ratten oder gar Raubwild, wie Marder und Wiesel, eindringen können. Wird vor den Lüftungsklappen ein Schieber angebracht, können sie bei sehr ungünstiger Witterung verschlossen werden.

Licht

Ausreichende Sonneneinstrahlung trägt entscheidend zu einem guten Stallklima bei. Mehr Helligkeit und Wärme im Schlaginneren fördern das Wohlbefinden der Tiere, denn UV-Strahlung hat einen positiven Effekt auf die Gesundheit, da sie zur Bildung von Vitamin D benötigt wird und Bakterien in ihrer Ausbreitung hemmt. Besonders im zeitigen Frühjahr und Spätherbst sollte man bemüht sein, jeden Sonnenstrahl einzufangen. Damit dies gelingt, muss die Fensterfläche möglichst groß und optimal ausgerichtet sein. Man rechnet mit einer Fensterfläche von etwa einem Drittel der Bodenfläche.

Einrichtung

So verschieden das Erscheinungsbild der beinahe unzähligen Taubenrassen ist, so unterschiedlich sollte die Taubenschlageinrichtung gestaltet sein. Ein möglichst ideales Umfeld sollte, die Inneneinrichtung betreffend, die Bedürfnisse der jeweiligen Taubenrasse erfüllen. Die meisten Taubenzüchter und Halter sind ständig auf der Suche nach der besten Taubenschlageinrichtung und ändern sie im Laufe der Zeit mehrmals, um die Haltungsbedingungen zu optimieren.

Trotz aller Individualität gibt es einige Parameter, die immer beachtet werden sollten. Man sollte aber die Augen offen halten und sich von anderen Taubenzüchtern und -haltern wertvolle Informationen holen.

Nistzellen

Tauben leben in Einehe und ihre Jungtiere sind Nesthocker. Man sollte der Gestaltung der Nistzelle besondere Aufmerksamkeit zukommen lassen, denn dort spielt sich das Familienleben der Tauben während einem großen Teil des Jahres ab.

Unter einer Nistzelle versteht man den Raum, den man einem Paar für die Aufzucht der Jungtiere zur Verfügung stellt. Ihre **Größe** richtet sich

Optimal gestaltete Nistzellen, die den Anforderungen der Rasse ideal angepasst sind.

Die Gestaltung der Nistzellenfronten kann von Rasse zu Rasse variieren.

Unten: Mit einem Sitzregal können auf geringer Fläche recht vielen Tauben Einzelsitzplätze angeboten werden.

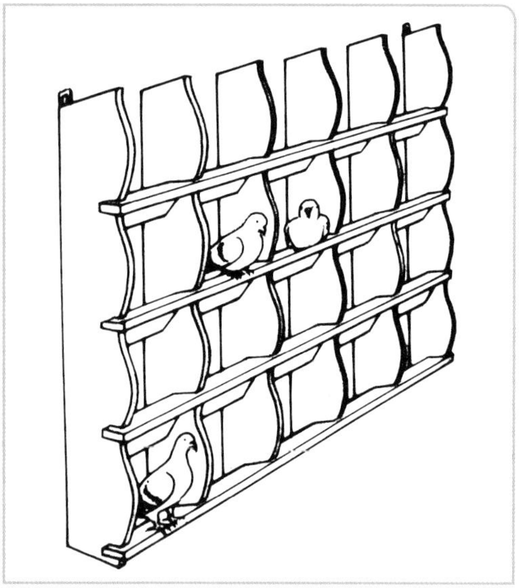

nach der Körpergröße der Rasse, bei mittlerer Größe sollte sie etwa 60 × 40 × 50 Zentimeter betragen. Ausgesprochene Riesenrassen beanspruchen Nistzellen von etwa 100 × 80 × 80 Zentimetern. Die Größe sollte auf jeden Fall so bemessen sein, dass die Begattung uneingeschränkt möglich ist.

Als ursprünglicher Höhlenbrüter bevorzugen unsere Tauben leicht abgedunkelte Brutplätze, was bei der Gestaltung der Vorderfronten zu berücksichtigen ist. Damit die Tauben ungestört ihrem Brutgeschäft nachgehen können, hat es sich bewährt, die Hälfte der **Vorderfront** abzuhängen. Manche Züchter bieten ihren Tauben nur kleine Öffnungen zum Betreten der Nistzelle, andere lassen die Vorderfronten vollkommen offen. Jeder hat hier seine Erfahrungen und ist mit seinem System zufrieden. Ein Nachteil zu kleiner Öffnungen ist unter Umständen, dass ein Täuber in einer fremden Nistzelle diese nur schwer verlassen und schweren Schaden anrichten kann.

Für den nicht brütenden Partner sollte am Rand der Nistzelle ein **Sitzplatz** angebracht werden, damit er eventuelle Eindringlinge schon vorzeitig abwehren kann. Dadurch ergibt sich auch, dass innerhalb des Schlages keine weiteren Sitzgelegenheiten vorhanden sein dürfen. Die Paare werden auf diese Weise gezwungen, sich in ihrer Nistzelle aufzuhalten, was für Ruhe im Taubenschlag sorgt.

Die **Anordnung** der Nistzellen erfolgt überwiegend nach dem Baukastenprinzip, das heißt mehrere Nistzellen werden über- und nebeneinander angebracht. Während die Raumhöhe vollständig genutzt werden sollte, sind Nistzellen mit direktem Bodenkontakt nicht von Vorteil. In ihnen würden sich sehr viel Staub und Federn ansammeln, die eine Nutzung nur eingeschränkt möglich machen.

Zum **Bau** der Nistzellen verwendet man am besten unbehandeltes Holz oder wasserfeste Pressspanplatten. Auf keinen Fall sollte man beschichtete Holzplatten verwenden, da diese keine Feuchtigkeit aufnehmen und dann durch den abgesetzten Kot in den Nistzellen stets ein feuchtes, ungesundes Klima herrschen würde.

Sitzgelegenheiten

Jeder Taube sollte ein Sitzplatz zur Verfügung stehen, um unnötige Störungen zu vermeiden. Während der Zuchtzeit werden alle Sitzgelegenheiten entfernt, da die Tauben sich in den Nistzellen aufhalten sollen. Außerhalb der Zuchtzeit und im Jungtierschlag sind zusätzliche Sitzgelegenheiten anzubringen.

Die einfachste Art der Sitzplätze sind sogenannte Sitz- oder **Dachreiter**, bei denen schräge Brettchen unterhalb der Sitzstange den abgegebenen Kot auffangen. Damit können **Sitzreiter** auch übereinander angebracht werden. Hervorzuheben ist die einfache Reinigung dieser Einzelsitze.

Mit **Sitzregalen** können auf gleichem Raum mehr Tauben sitzen. Die Sitzleisten haben nach hinten abfallende Kotbrettchen, welche ein Verschmutzen der darunter sitzenden Tauben verhindern. Nach vorne verlängerte Trennbretter verhindern den Blickkontakt zwischen den Tieren, sodass Auseinandersetzungen vermieden werden.

Hat man seine Freude an einer Taubenrasse mit stark befiederten Beinen, sogenannten Latschen, sind die beiden bisher beschriebenen Sitzgelegenheiten nicht ideal. Für solche Rassen verwendet man **Sitzteller**. Dabei werden Holzbrettchen auf ein gebogenes Metallband geschraubt, wodurch die Taube von der Wand entfernt sitzt und die Federstruktur an den Beine nicht abstoßen kann.

Oben: Für belatschte Taubenrassen haben sich sogenannte Sitzteller bewährt.

Sitz- oder Dachreiter werden von den Tauben sehr gerne angenommen.

Futtertröge

Futtertröge sollten so gestaltet sein, dass eine Verschmutzung des Futters ausgeschlossen ist. Auch hier bietet der Fachhandel verschiedene Modelle an. Während bei den einen eine bewegliche Rolle das Daraufsitzen verhindern soll, sind die anderen mit einem geschlossenen, aufklappbaren Deckel versehen. Hier kann jeder nach seinen Vorlieben entscheiden. Keinesfalls sollte man allerdings offene Futtertröge verwenden, wie man sie bei Hühnern vorfindet. Das Futter würde zu schnell verschmutzen und die Gefahr der Krankheitsübertragung wäre zu groß. Deshalb sind die meisten Futtertröge mit etwa fünf Zentimeter hohen Füßen versehen. Große Bedeutung hat die **Länge** des Futtertroges; es muss gewährleistet sein, dass alle Tauben gleichzeitig fressen können. Als Richtwert gelten 10 bis 15 Zentimeter pro Tier.

Neben dem Futtertrog muss im Taubenschlag ein Gefäß für Taubenstein und Grit bereit stehen. Da diese Ergänzungsfuttermittel nur sporadisch von den Tauben aufgenommen werden, brauchen die Behälter nicht besonders groß zu sein. Dennoch ist auch bei ihnen darauf zu achten, dass keine Verschmutzung stattfindet.

Tränken

Auch das Tränkwasser sollte nicht in einem offenen Gefäß angeboten werden. Die Verschmutzung des Wassers wäre zu groß und somit die Tränke eine gewaltige Infektionsquelle. In der Taubenhaltung haben sich Kunststoff- oder Glastränken durchgesetzt, die man beim Fachhandel beziehen kann. Sie sind sehr einfach zu reinigen und können durch die Konstruktion mit einem Vorratsbehälter mehr frisches Wasser speichern, welches, der Wasseraufnahme durch die Tiere entsprechend, in die Trinkrinne nachläuft.

Sonstiges Zubehör

Zur Schlagreinigung sind mehrere Spachtel und Besen unverzichtbar. Für die Reinigung der Nistzellen und Sitzgelegenheiten verwendet man am besten einen etwa 20 Zentimeter breiten **Handspachtel** und einen rauen **Handbesen**. Der Boden wird üblicherweise mit einem **Bodenspachtel** mit Stiel gereinigt. Diese Spachtelart verhindert, dass man auf dem Boden herumrutschen muss, um ihn zu reinigen. Auch hier ist ein rauer Besen zu empfehlen. Weiterhin benötigt man eine **Handschaufel**, am besten

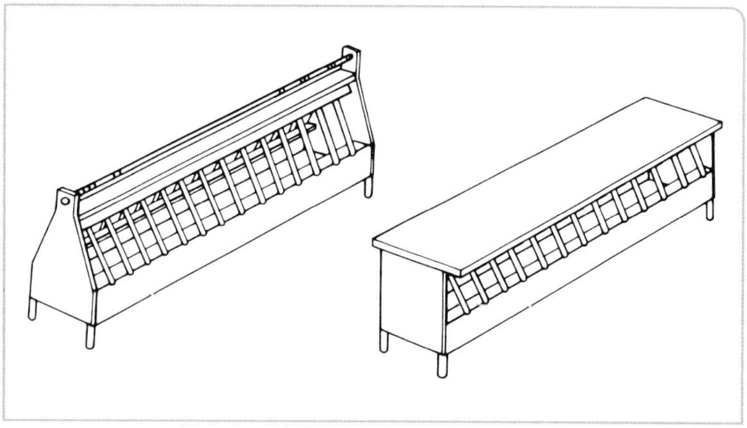

Zwei handelsübliche Futtertröge, bei denen das Futter nicht verschmutzt werden kann und die leicht erhöht stehen.

Das wöchentliche Bad sollte die Regel sein und erhöht das Wohlbefinden der Tauben sehr.

aus Metall. Generell ist darauf zu achten, dass die Reinigungsutensilien aus robustem Material bestehen, da sie regelmäßig und stark beansprucht werden.

Badewannen

Um das Wohlbefinden der Tauben zu steigern, sollte man ihnen mindestens einmal wöchentlich ein Bad anbieten. Während der Mauserzeit nehmen sie es auch gerne zweimal wöchentlich an, was die Mauser beschleunigt und sich positiv auf die Federqualität auswirkt. Als Badewanne bietet der Fachhandel meist quadratische Kunststoffwannen mit einer Randhöhe von etwa zehn Zentimetern an. Als Wasserzusätze eignen sich **Essig** oder spezielles **Badesalz** für Tauben. Beides reinigt die Federn von überschüssigem Staub und verhilft so zu einer gesunden Federstruktur.

▲

Steinheimer Bagdette

Steinheimer Bagdetten sind recht langgestreckte und kräftige Tauben. Sie sind immer glattfüßig und glattköpfig. Besonders charakteristisch ist der Kopf mit einem sehr kräftigen Schnabel, stark entwickelten Schnabelwarzen und leuchtend roten Augenrändern. Steinheimer Bagdetten kann man ohne Probleme im Freiflug halten, denn sie sind recht wild in ihrem Wesen. Auch ihrem Züchter gegenüber bleiben sie immer auf Distanz. Im Umgang mit ihren Artgenossen zeigen die Steinheimer Bagdetten leider ein recht zänkisches Wesen, sodass es häufig zu Auseinandersetzungen kommen kann. Mit ihren eigenen Jungtieren gehen sie dagegen sehr fürsorglich um und sind zuverlässige Eltern. Die Rasse wird in 22 Farbenschlägen gezüchtet.

Rassengruppe	Warzentauben
Ringgröße	9 mm
Betreuender Verein	Sonderverein der Züchter Steinheimer Bagdetten. Armin Gesser, Berliner Str. 7, 63755 Alzenau

Dragoon

Stolz aufgerichtet, hart bemuskelt und mit einem straffen Gefieder zeigt sich der Dragoon, der eine brieftaubenähnliche Rasse darstellt. Ein besonderes Augenmerk wird auf die Kopfhaltung gelegt. Die Schnabelwarze ist längs geriffelt und soll am kräftigen Schnabel straff anliegen. Bei älteren Tieren muss man die Schnabelwarzen regelmäßig pflegen, was man sich am besten von einem erfahrenen Züchter zeigen lassen sollte. Im täglichen Umgang sind die Dragoon recht ruhige Tauben und lassen sich auf den Züchter ein. Ihre Jungen ziehen sie zuverlässig auf und sind fürsorgliche Eltern. Gezüchtet werden sie in 16 Farbenschlägen, wobei vor allem die Blauen mit schwarzen Binden häufig anzutreffen sind.

Rassengruppe	Warzentauben
Ringgröße	9 mm
Betreuender Verein	Dragoon-Club. Karl Adler, Jahnstr. 16, 69493 Hirschberg

▼

▲

Kingtauben

Die Kingtauben wurden ursprünglich in den USA als Nutztauben gezüchtet und haben sich in der Zwischenzeit zu einer der beliebtesten Rassen gemausert. King, wie sie kurzerhand genannt werden, gehören zu den schwersten Taubenrassen überhaupt (1200 Gramm) und haben demnach ein sehr ruhiges Wesen. Für den Freiflug sind sie nicht geeignet, denn das Fliegen haben King mehr oder weniger eingestellt. Gegen einen Spaziergang im Garten haben sie jedoch nichts einzuwenden. Die Nistzellen sollten sehr groß gewählt werden, damit die Vögel darin auch den Paarungsakt vollziehen können. Bedingt durch die Körperschwere ist darauf zu achten, dass die Eier beim Brüten nicht zerdrückt werden. Tipps erfahrener Züchter können hier helfen. King sind in 23 Farbenschlägen bekannt.

Rassengruppe	Huhntauben
Ringgröße	10 mm
Betreuender Verein	King-Club Deutschland. Andreas Gehrmann, Ringstr. 14, 28790 Schwanewede/Meyenb.

Deutsche Modeneser

Deutsche Modeneser gehören zu den unkompliziertesten Taubenrassen. Sie sind ruhig in ihrem Wesen und im Umgang mit dem Züchter. Die zahlreich anfallende Nachzucht wird ausnahmslos aufgezogen, sodass Deutsche Modeneser auch gerne als Ammentauben für kurzschnäblige Rassen gehalten werden. Der Taubenschlag kann sehr einfach eingerichtet sein, denn die Tiere sind untereinander gut verträglich. Deutsche Modeneser kann man sowohl im Freiflug als auch in der Voliere sehr gut züchten. Besonders erwähnenswert ist die große Farb- und Zeichnungsvielfalt der Rasse, denn die Farben und Zeichnungen sind in mehr als 70 Varianten bekannt. Grundsätzlich unterscheidet man zwischen Schietti (ganzfarbige), Gazzi (gezeichnet wie Mährische Strasser) und Magnani (vielfarbig).

Rassengruppe	Huhntauben
Ringgröße	7 mm
Betreuender Verein	Sonderverein der Züchter Deutscher Modeneser. Bernd Rathert, Lange Wand 10, 32425 Minden

▼

Fütterung

Rechte Seite:
Bei Leckerbissen kommen Tauben, sofern sie es gewöhnt sind, dem Züchter recht nah.

Tauben sind Körnerfresser. So scheint es auf den ersten Blick. Bei genauerer Betrachtung wird man jedoch sehr schnell feststellen, dass Körner zwar den Hauptteil der Nahrung ausmachen, aber auch Grünzeug, Beeren, humushaltige Erdteilchen und allerlei kleines Getier auf dem Speiseplan der Tauben stehen. Dieses Wissen ist Voraussetzung für eine ausgewogene Ernährung der Tauben.

Eine ernährungsphysiologisch sinnvolle Fütterung ist die Basis für das Wohlbefinden der Tiere und optimale Leistungen in der Zucht. Um Unterversorgung oder gar Mangelerkrankungen vorzubeugen, müssen auf Getreide basierende Rationen mit Vitaminen und Mineralstoffen ergänzt werden.

Wie frisst und verdaut die Taube?

„Gut ist, was gerne gefressen wird!" Diese alte Züchterweisheit kann man heute so nicht mehr stehen lassen, denn immer wieder fließen neue Erkenntnisse auf dem Gebiet der Taubenernährung in die Rationsgestaltung ein. Doch keinesfalls sollte man alles Bewährte gleich über Bord werfen, wenn die Futtermittelindustrie Neuerungen auf den Markt bringt, denn bedauerlicherweise blieb auch die Taubenfütterung vom Marketing der Industrie nicht verschont.

Tauben können mit ihrem Schnabel das Futter weder zerbeißen noch zerkleinern. Sie benötigen also Futtermittel, die sie aufpicken und schlucken können. Ihr Geschmackssinn ist wenig ausgeprägt, sodass andere Faktoren für die bevorzugte Aufnahme verschiedener Futtermittel durch die Taube entscheidend sind.

Die folgenden ausgewählten Körnerfuttermittel sind nach abnehmender Beliebtheit bei der Futterwahl der Tauben aufgelistet: Hanf – Raps – Rübsen – Hirse – Sonnenblumenkerne – Mais – Weizen – Wicken – Reis – Ackerbohnen – Sommergerste – Roggen – Hafer.

Tauben werden knapp gefüttert, sodass es schon einmal zu einem Gerangel kommen kann, ehe jede Taube ihren Fressplatz hat.

Futteraufnahme

Bis zu 35 000 Pickreaktionen pro Tag lassen sich bei Haustauben erfassen. Diese finden immer nach einem festen Ablauf statt.

Tauben nehmen ihr Futter mit dem Schnabel auf. Sie selektieren dabei ganz bewusst, sodass zuerst die beliebten Bestandteile gefressen werden und dann, nach und nach, die weniger beliebten. Die Körner gelangen über den Schlund in den Kropf. Der Kropf ist eine Ausbuchtung der Speiseröhre und reguliert die Magenfüllung. Bei vollkommen leerem Magen werden die Körner direkt weitergeleitet. Ist der Magen gefüllt, dient der Kropf der Taube als Futterreservoir, das dort eingeweicht und vorgequollen wird.

Drüsen- und Muskelmagen. Nachdem das Futter den Kropf passiert hat, gelangt es schubweise in den Magen. Man unterscheidet zwischen Drüsen- und Muskelmagen. Während im Drüsenmagen wichtige Verdauungsfermente für den Aufschluss der Nährstoffe sorgen, findet im Muskelmagen die mechanische Durchmischung und Zerkleinerung der Futterbestandteile statt, sodass die Oberfläche der Ingesta, des aufgenommenen Futters also, vergrößert wird und die Verdauungsenzyme es leichter zersetzen können. Bei diesem Prozess kommt den Magensteinchen und dem Grit eine besondere Bedeutung zu. Werden Ihre Tauben nicht im Freiflug gehalten, müssen Sie ihnen ständig Magensteinchen, Grit und Taubenstein anbieten. Diese Futterzusatzstoffe erleichtern den Tauben den mechanischen Aufschluss des Futters im Muskelmagen und tragen somit zu einer besseren Futterverwertung bei. Im Freiflug gehaltene Tauben nehmen diese Zusatzstoffe bei ihren täglichen Streifzügen auf.

Dünn- und Dickdarm. Als Dünndarm bezeichnet man die drei Darmabschnitte Zwölffingerdarm, Leerdarm und Hüftdarm. Im Zwölffingerdarm findet die Aufspaltung der Eiweiße, Fette und Kohlenhydrate durch Sekrete der Bauchspeicheldrüse statt. Im daran anschließenden Leerdarm wird ein Großteil der aufgenommenen Nährstoffe resorbiert, bevor der Nahrungsbrei über den Hüftdarm und den Dickdarm zur Kloake weitergeführt wird. Die beiden Blinddärme, die bereits zum Dickdarm gezählt werden, sind bei Tauben entweder rudimentär oder überhaupt nicht mehr vorhanden – im Gegensatz zu Hühnern, bei denen im Blinddarm die Zelluloseverdauung durch Zellulase bildende Bakterien stattfindet.

Der gesamte Verdauungskanal der Taube ist mit etwa 70 bis 120 Zentimetern sechs- bis achtmal so lang wie ihr Körper.

Kloake. Im Hohlraum der Kloake, in den auch die Geschlechts- und Harnorgane münden, sammeln sich die nicht verwertbaren Nahrungsbestandteile. Sie werden über einen Ringmuskel, der die Kloake nach außen verschließt, ausgeschieden. Da Tauben als Flugvögel unnötigen Ballast vermeiden müssen, setzen sie sehr oft Kot ab. Die Beschaffenheit und Farbe des Kotes sind wichtige Indikatoren für den Gesundheitszustand des Tieres. Der Kot ist üblicherweise von dunkelolivgrüner Farbe mit weißlicher Harnsäure.

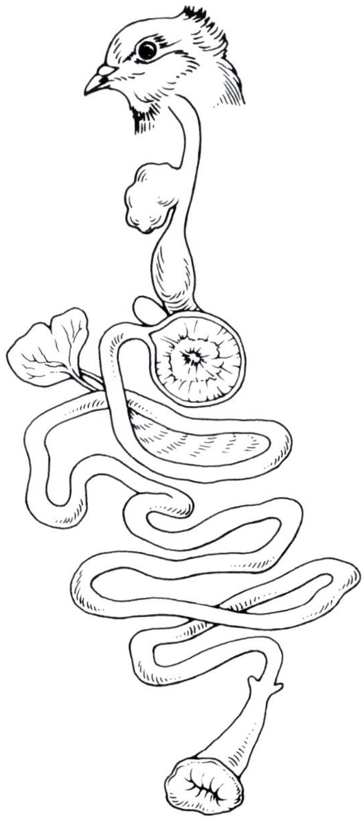

Der Verdauungstrakt der Taube.

Futterzusammensetzung und Futterbedarf

Der Organismus der Taube benötigt für die Aufrechterhaltung seiner Funktionen verschiedene Bestandteile. Dazu zählen Wasser, Eiweiße (Proteine), Fette, Kohlenhydrate, Vitamine und Mineralstoffe, wobei Kohlenhydrate, Fette und Proteine die Hauptnährstoffe bilden. Die Futtermittelindustrie bietet heute eine Vielzahl von Misch- und Ergänzungsfuttermitteln an. Sie sind im Normalfall so zusammengestellt, dass die Tauben mit allen lebensnotwendigen Nährstoffen in ausreichender Menge versorgt werden. Oft besteht sogar die Gefahr einer **Überversorgung**, das heißt nicht alle Nährstoffe können aufgenommen werden und verlassen den Organismus unverbraucht wieder. Um dies zu vermeiden, wird sehr intensiv an einer bedarfsoptimierten Fütterung geforscht.

Mineralien sind für Tauben sehr wichtig und müssen bei Volierenhaltung jederzeit zur Verfügung stehen.

Geht man von einem Mischfutterpreis von 15 € pro 25 Kilogramm und einer durchschnittlichen Tagesaufnahme von 25 Gramm aus, kostet das Futter für eine Taube rund 0,02 € pro Tag.

Da die Fütterung für den Gesundheitszustand der Taube und ihre Vitalität ganz entscheidend ist, sind viele Züchter stets darum bemüht, durch Zufütterungen noch bessere Leistungen zu erzielen, als sie dies mit den handelsüblichen Mischfuttern schon tun. Inwieweit solche Bestrebungen von Erfolg gekrönt sind, lässt sich nicht so einfach nachweisen, denn hier ist oft der Wunsch Vater des Gedankens. Die meisten Mischfutter wurden entsprechend der Nachfrage speziell für Brieftauben entwickelt. Für andere Taubengruppen ist das Angebot kleiner, aber auch Rasse- und Flugtauben können erfolgreich mit Brieftaubenfutter ernährt werden.

Im Hinblick auf die Futteraufnahme spielt die **Korngröße** eine wichtige Rolle. Während normalschnäblige Tauben mit jeder Korngröße zurecht kommen, sollte man kurzschnäbligen Tauben ein kleinkörniges Futter anbieten. Je nach Farbenschlag, der gezüchtet wird, kann es sinnvoll sein, auf bestimmte Futterkomponenten zu verzichten. Die Maisfütterung sollte zum Beispiel reduziert oder eingestellt werden, wenn ein dunkler Augenrand ein Rassekriterium ist. Im Gegensatz dazu ist es bei sehr lackreichen Farbenschlägen durchaus zu empfehlen, während der Mauserzeit mit einer zusätzlichen Sämereienfütterung die optimale Lackausbildung zu fördern. Hier kann es also sinnvoll sein, sich mit langjährigen Züchtern in Verbindung zu setzen, um wertvolle Tipps zu erhalten. Wer keine Ambitionen für Taubenausstellungen hat, braucht auf solche Dinge natürlich keine Rücksicht zu nehmen.

Futterbedarf

Der **Futterbedarf** wechselt je nach Größe der Taubenrasse von 15 Gramm bis zu 50 Gramm pro Tag und Taube. Grundsätzlich kann man davon ausgehen, dass bei längerer kalter Witterung die Futtermenge steigt, während der Bedarf bei hochsommerlichen Temperaturen sinkt.

Viele Taubenliebhaber gehen dazu über, die Fütterung der Jahreszeit und der Leistung der Tauben anzupassen. So sind spezielle Zucht-, Jungtauben-, Mauser- und Winter- oder Ruhefutter im Angebot. Während der Zuchtzeit wird dabei häufig sehr gut gefüttert und auch die Jungtauben sollen nur das Beste bekommen. In der Mauser- oder Ruhezeit hingegen wird gespart. Diese Vorgehensweise ist nicht zu empfehlen, vor allem da viele Taubenzüchter ein eiweißreiches Futter gleichsetzen mit einem „guten“ Futter.

Jahrzehntelang wurde sehr eiweißreiches Futter (30–40 % Rohprotein) mit einem hohen Hülsenfruchtanteil als optimal für die Zuchtzeit angesehen. Die einseitige Rationsgestaltung führt jedoch zu einer unnötigen Belastung des Stoffwechsels. Aus diesem Grund wird heute ein Rohproteingehalt von etwa 15 bis 16 Prozent im Zuchtfutter empfohlen. Für die **Jungtaubenfütterung** kommen meist die gleichen Futtermischungen wie für Zuchttiere zum Einsatz, und dies, obwohl sie zwischen dem 21. und 28. Lebenstag den Großteil ihrer körperlichen Entwicklung abgeschlossen haben. Für die weitere Entwicklung der Jungtauben ist dennoch ein hochwertiges Futter angebracht, weil sie das Futter nach dem Absetzen nicht sofort in voller Menge aufnehmen.

Die **Mauser** dient den Tauben zur Ausbildung eines neuen Gefieders, das alte wird abgestoßen. Es ist deshalb verständlich, dass gerade in dieser Zeit sehr hochwertig gefüttert werden muss. Vor allem auf einen hohen Methionin- und Cystein-Gehalt sollte geachtet werden, da diese schwefelhaltigen Aminosäuren eine gesunde und optimale Entwicklung des Gefieders unterstützen. Unter Berücksichtigung einer ausgeglichenen Ration können vom Fachhandel angebotene Mauserfutter sehr hilfreich sein. Erntefrischer Weizen und Gerste, die diese Futter zumeist enthalten, werden von den Züchtern während der Mauserzeit gerne gefüttert. Die Futterumstellung sollte jedoch langsam erfolgen, um den Organismus der Tauben nicht unnötig zu belasten.

Erntefrisches Getreide (Weizen, Gerste) beeinflusst den Mauserverlauf positiv. Während einer langsamen Futterumstellung kann man diese Komponenten in das Futter mischen.

Da zu fette Tiere eine schlechte Zuchtleistung bringen, sollten die Tauben während der **Winterzeit** nicht zu viele Fettpolster anlegen. Die Tauben müssen knapp, aber mit allen notwendigen Nährstoffen versorgt

Keimfähiges Getreide wird nach kürzester Zeit des Quellens an den Kornspitzen aufplatzen und einen Keimling hervorbringen. Das Aufplatzen genügt, um hochwertiges Keimfutter zu erhalten – der richtige Zeitpunkt, es den Tauben anzubieten.

werden. Ein etwas höherer Gerstenanteil hat sich während der Winter- und Ruhezeit bewährt, aber auch für diesen Jahresabschnitt bietet der Handel optimierte Futtermischungen an. Trotz dieser speziellen, dem Leistungsbedarf der Tiere angepassten Futtermittel verwenden viele Züchter ganzjährig das gleiche Futter mit Erfolg. Da das Geschmacksempfinden der Tauben gering ist, wird ihnen dies nicht langweilig. Hier muss jeder Taubenliebhaber für sich entscheiden, welche Fütterungsmethode er bevorzugt und welche „Erfolge" er mit seinen Tauben erzielen möchte.

Für die optimale Funktion des Muskelmagens muss das ganze Jahr über Grit zur freien Aufnahme angeboten werden. Man wird bald feststellen, dass die Tauben vor allem während der Zuchtzeit sehr viel davon fressen, die Aufnahme im Winter dagegen gering ist.

Ergänzungsfuttermittel

Ein gutes, ausgewogenes Körnermischfutter gewährleistet eine bedarfs- und artgerechte Fütterung der Tauben. Dennoch gibt es immer wieder Taubenzüchter, die ihren Tieren etwas besonders Gutes tun wollen. Hierzu bietet der Markt eine Reihe von Ergänzungsprodukten an, mit denen Vitamine, Mineralstoffe und essenzielle Aminosäuren supplementiert werden können, die einen positiven Effekt auf das Immunsystem, den Skelettaufbau und das Gefieder haben. Viele Spurenelemente sind Bestandteile von Enzymen und somit für wichtige Stoffwechselvorgänge unentbehrlich. Da es bei manchen Vitaminen (z. B. A, D) zu einer gefährlichen Überversorgung kommen kann und auch einige Spurenelemente zu hoch dosiert toxisch sind, sollte man nicht nach dem Motto verfahren: Viel hilft viel.

Keimfutter verdirbt sehr schnell und es bilden sich leicht Schimmelpilze. Auf keinen Fall darf es mehr verfüttert werden. Da die Haltbarkeit von Keimfutter je nach Witterung unterschiedlich ist, sollte nur die täglich benötigte Menge hergestellt werden.

Keimfutter. Keimfutter ist eine echte Powerquelle für die Tauben und hochwertiger als trockenes Futter. Die meisten Züchter keimen Gerste. Sie wird von den Tauben in trockenem Zustand nicht so gerne gefressen, kann aber wegen ihrer Inhaltsstoffe als „Brot der Taube" bezeichnet werden.

- Um die Körner zum Keimen zu bringen, legt man die gewünschte Menge zum Quellen eine Nacht in lauwarmes Wasser.
- Am nächsten Tag werden die Körner in ein Sieb abgegossen und mehrmals mit viel klarem Wasser abgespült, um die Bildung krankheitserregender Keime zu verhindern.
- Die Körner schüttet man nun in ein anderes Sieb, damit das restliche Wasser vollständig ablaufen kann. Sie werden, je nach Wetterlage, einen Tag in die Wärme, aber ohne direkte Sonneneinstrahlung gestellt. In der Wechselphase kann man die Körner auch an der Heizung keimen lassen.
- Dauert der Keimvorgang länger, muss das Getreide mehrmals mit lauwarmem Wasser gespült werden.

Grit in einer offenen Schale muss regelmäßig auf Verschmutzungen hin untersucht und gegebenenfalls erneuert werden.

Keimfutter sollte keinesfalls den Hauptbestandteil in der Taubenfütterung bilden, bietet sich aber als wertvoller **Leckerbissen** an. Bei allen Vorzügen des Keimfutters, darf man nicht übersehen, dass die Herstellung Zeit und Sorgfalt erfordert. Äußerste **Sauberkeit** ist außerordentlich wichtig. Kann man dies nicht gewährleisten, sollte man auf die Fütterung von gekeimtem Futter verzichten. Bei unsachgemäßer Handhabung können Gesundheitsschädigungen, die bis zum Tod führen können, auftreten.

Grünfutter. Wenn Tauben daran gewöhnt sind, nehmen sie Grünfutter sehr gerne auf. Klein geschnitten können Löwenzahn, Brennnesseln, Topinambur, Schnittlauch, Petersilie und Salat verfüttert werden. Selbst Kohl und Wirsing werden von den Tauben gefressen. Sind sie erst auf den Geschmack gekommen, kann man ihnen ganze Salatköpfe geben, die sie gierig abzupfen.

Pressfutter. Während in der Geflügelhaltung Pressfutter schon seit Jahrzehnten gefüttert wird, hat es sich in der Taubenhaltung nicht durchsetzen können. Pressfuttermittel bieten den entscheidenden Vorteil, dass häufig alle wichtigen Nährstoffe im richtigen Verhältnis zueinander enthalten sind. Viele Züchter mischen kleine Mengen Pressfutter unter das Körnerfutter, was vor allem während der Zuchtzeit zu empfehlen ist. Füttert man das Pressfutter alleine und direkt vor der Körnerfuttergabe, wird es von allen Tauben aufgenommen und nicht selektiert.

Erdnüsse. Erdnüsse sind für Tauben ein echter Genuss, für die sie die Scheu vor dem Menschen meist vergessen. Sie werden gerne von den Züchtern gefüttert, weil die Tauben damit richtig zahm werden. Dennoch sind Erdnüsse ein Leckerbissen und sollten auch als solcher verfüttert werden – größere Mengen sind zu vermeiden. Bei kleinen Taubenrassen verbietet sich die Fütterung von Erdnüssen von selbst, weil sie diese Kerne kaum oder überhaupt nicht schlucken können. Wer dennoch nicht darauf verzichten möchte, kann die Erdnüsse hacken und sie dann verfüttern. Durch den hohen Energiegehalt von Erdnüssen muss aber unbedingt darauf geachtet werden, dass die Tauben nicht verfetten.

Vitamine. Frisches Futter enthält alle notwendigen Vitamine in ausreichender Menge. Da Vitamine wichtig für die Gesundheit der Tiere sind, gehen viele Züchter auf Nummer sicher und verabreichen den Tauben sporadisch ein Vitaminpräparat über das Trinkwasser. Alternativ bietet sich die Beifütterung von speziell vitaminisiert ummantelten Körnern an, die der Fachhandel anbietet. Auf diesem Weg erhalten die Tauben eine tägliche Dosis, was einem eventuellen Mangel an wasserlöslichen Vitaminen verbeugt.

Taubenstein, Pickstein, Grit und Futterkalk sollten für die Tauben ganzjährig frei verfügbar sein. Die Mineralien unterstützen den Aufbau der Knochen und Federn und helfen beim mechanischen Aufschluss des Futters im Muskelmagen der Vögel.

Taubenstein und Pickstein. Diese beiden Ergänzungsfuttermittel nehmen die Tauben vor allem während der Zucht- und Mauserzeit gerne auf. Sie sind wichtig für einen gesunden Knochenbau und die Gefiederbildung; häufig sind diese Futtermittel mit essenziellen Mineralstoffen angereichert. Vor allem beim Taubenstein ist jedoch darauf zu achten, dass sich die Tauben nicht überfressen, denn dies kann während der Zuchtzeit zu Durchfall bei den Jungtieren führen.

Grit. Bei Grit handelt es sich um Muschelschalen und kleine Steinchen. Vor allem für die Funktion des Muskelmagens ist die regelmäßige Aufnahme bedeutend.

Futterkalk. Um ein gesundes Knochenwachstum und die Gefiederbildung zu unterstützen, wird den Tauben das ganze Jahr über Futterkalk zur freien Aufnahme angeboten. Dieser wird je nach Bedarf eifrig gepickt. Darüber hinaus hat es sich bewährt, den Futterkalk direkt mit dem Körnerfutter zu verabreichen. Dazu werden die Körner mit etwas Distelöl befeuchtet und anschließend mit Futterkalk abgetrocknet.

Humus. Tauben lieben frischen Humus. Als Humus bezeichnet man die abgestorbene organische Bodensubstanz, die die Pflanzen mit Nährstoffen versorgt. Ein frisch ausgestochener Grassoden ist eine optimale Humusquelle für die Tauben, an der sie gierig fressen und herumzupfen werden, was nicht nur gesund ist, sondern auch Spaß macht. Meist finden sich noch kleine Würmer und Insekten, die die Schmackhaftigkeit erhöhen.

Sehr praktische Futterkiste, die von oben befüllt wird. Damit ist gewährleistet, dass zuerst das ältere Futter verbraucht wird.

Fütterungsmethoden

Eine allgemein gültige Regel gibt es dabei nicht. Viele Faktoren, die unter anderem von der Taubenrasse abhängen, kommen bei der Wahl des geeigneten Systems ins Spiel. So sind die folgenden Tipps und Ratschläge weniger für den Züchter von Kröpfern geeignet, die zu den „fütterungsempfindlichen" Rassen zählen. Dort spielt besonders die eigene Erfahrung eine wichtige Rolle. Liebhaber von Kropftauben sollten sich bei Züchtern der entsprechenden Rasse nach bewährten Fütterungsmethoden erkundigen.

Grundsätzlich gilt, dass Tauben nicht verfetten dürfen, um optimale Zuchterfolge zu bringen. Fette, regelrecht „gemästete" Tauben sind deutlich schwerer in Zuchtstimmung zu bringen und häufig sind unbefruchtete Eier die Folge. Man sollte seine Tauben knapp und dennoch ausreichend versorgen. Bei den meisten Züchtern gilt die Devise, dass der Trog vollständig leer gefressen sein muss, bevor neues Futter gegeben wird. Dabei ist das Fütterungsintervall zu berücksichtigen. Außerhalb der Zuchtzeit werden die Tauben meist einmal täglich gefüttert, das heißt, die verabreichte **Futtermenge** sollte so bemessen sein, dass sie bis zum nächsten Tag, zur etwa gleichen Uhrzeit, vollständig aufgefressen ist. Sind bei der nächsten Fütterung noch Reste – meist Gerste – im Trog, wird die Ration für die nächsten Tage entsprechend reduziert. Ein moderater Sättigungsgrad sollte dazu führen, dass die Tauben in den Schlag kommen, wenn der Züchter füttern möchte. War die letzte Fütterung zu reichlich, verlassen die Tauben die Voliere meist nicht. Ein „verträgliches Hungergefühl" fördert den Erfolg in der Taubenzucht.

Auch während der Zuchtzeit sind eine knappe Fütterung und leere Tröge Zeichen einer guten Schlagführung. Die meisten Züchter tendieren dazu, in dieser Zeit zwei- oder dreimal am Tag zu füttern, dann jedoch sollte der Trog in zehn bis maximal 15 Minuten vollständig geleert sein. Anschließend kann man beobachten, wie die Alttiere in die Nester fliegen, um die Jungtiere zu kröpfen.

Der Trog sollte vollständig leer gefressen sein, bevor frisches Futter angeboten wird.

Ausschlaggebend für das **Fütterungsintervall** ist der Standort des Taubenschlages, wobei durch lange Anfahrtswege mehrmals tägliche Fütterungen oft nicht praktikabel sind. Berufstätige Taubenhalter füttern meist zweimal täglich (vor und nach der Arbeit), doch mit einer angemessenen Futterration lassen sich während der Zuchtzeit auch gute Erfolge erzielen, wenn nur einmal am Tag gefüttert wird.

Futterlagerung

Für eine gute Futterqualität ist eine optimale Lagerung wichtig. Der Lagerplatz sollte staubfrei und trocken sein. Bei den früher üblichen Futterkisten war es notwendig, diese vor der Neubefüllung vollständig zu entleeren, da sich sonst Reste des alten Futters am Boden sammelten. Bei **Futtersilos** oder Futterkisten, aus denen das Futter unten entnommen und von oben frisch nachgefüllt wird, wird dies vermieden. Um die Menge des noch vorhandenen Futters genauer einschätzen zu können, sollte an der Sichtseite des Futtersilos ein „Blickstreifen" aus Plexiglas oder feinem Drahtgeflecht vorhanden sein. Obwohl der Fachhandel Futtersilos anbietet, hat der Eigenbau den Vorteil, dass die vorhandenen Platzverhältnisse und persönliche Bedürfnisse berücksichtigt werden können. Am besten eignen sich für den Bau Mehrschichtplatten, die zum einen über eine sehr glatte Oberfläche verfügen und im Gegensatz zu Pressspanplatten an den Plattenstößen gut miteinander verschraubt werden können.

Wasserbedarf

Tauben sind Saugtrinker. Sie tauchen den Schnabel vollständig ins Wasser ein und nehmen es mit saugenden Bewegungen auf. Sie unterscheiden sich hierin also grundlegend von anderen Geflügelarten. Der **Wasserstand** in den Tränken muss gewährleisten, dass die Taube ihrem artgerechten Trinkverhalten nachkommen kann. Durst schwächt die Tauben mehr als Hunger, Trinkwasser muss daher stets in ausreichender Menge und Qualität angeboten werden.

Die aufgenommene Wassermenge pro Taube und Tag ist unter anderem abhängig von der Umgebungstemperatur. Im Durchschnitt nehmen Tauben zwischen 20 und 50 Milliliter auf, bei niedrigen Außentemperaturen sinkt die Wasseraufnahme auf 15 bis 30 Milliliter.

Das Trinkwasser sollte immer frisch und klar sein, wobei eine **Wassertemperatur** von unter 15 °C anzustreben ist. Bei hohen Außentemperaturen sollte man das Trinkwasser öfter erneuern, da die Tiere abgestandenes und warmes Wasser nicht so gerne aufnehmen, teilweise ganz

Tauben sind Saugtrinker, deshalb sollten sie den Schnabel ganz in das Wasser tauchen können.

verweigern. Auch können sich Krankheitskeime dann sehr schnell ausbreiten.

So sollte der Hygiene von Wasser und Tränke besondere Aufmerksamkeit gelten. Da die Tränke von allen Tieren genutzt wird, stellt sie eine besondere Infektionsquelle dar. Die tägliche **Reinigung** der Tränke mit einer Bürste sollte deshalb für alle Züchter selbstverständlich sein. Noch sicherer ist es, wenn nach der Reinigung die Tränke zum Trocknen aufgehängt werden kann, denn durch das vollständige Abtrocknen werden die meisten Erreger abgetötet. Eine lohnende Investition sind also zwei Tränken, die im Wechsel benutzbar sind.

Enthält das Wasser Geruchs- und Geschmacksstoffe, zum Beispiel durch den Zusatz von Vitaminen oder Medikamenten, trinken die Tauben möglicherweise weniger.

Startauben

Die Familie der Startauben umfasst insgesamt 22 Zeichnungsvarianten. Startauben gehören zu den sehr alten Taubenrassen und haben ihren Ursprung im Schwarzwald (schwarze Farbenschläge) und in Thüringen (andere Farbenschläge). Es gibt sie mit weißen Binden (Starhälse), geschuppten Flügelschildern (Marmorstare) und zu guter Letzt mit Pfeilspitzzeichnung auf dem Flügelschild (Silberschuppen). Jede dieser Grundzeichnungen gibt es auch mit Blassen-, Weißschwanz- und Mönchzeichnung. Startauben sind recht flüchtig und demnach für den Freiflug gut geeignet. Sie sind zuverlässige Eltern und stellen an ihre Unterbringung keinerlei Ansprüche. Ihren Namen hat die Rasse von der Halbmondzeichnung, Starzeichnung genannt, auf dem Vorderhals.

Rassengruppe	Farbentauben
Ringgröße	7 mm
Betreuender Verein	Sonderverein der Startaubenzüchter. Wolfgang Apel, Wartberg 11, 99735 Großwechsungen

Süddeutsche Schildtaube

In ihrer Heimat Württemberg ist die Rasse auch als „Dache“ bekannt, da sich die farbigen Flügelschilder wie ein Dach über den weißen Körper legen. Trotz der Einfachheit der Zeichnung ist es nicht so einfach, standardgerechte Tiere zu züchten. Süddeutsche Schildtauben sind immer glattfüßig, zeigen aber eine volle Federhaube. Von der Größe entsprechen sie gewöhnlichen Feldtauben, sodass die Unterbringung keine besonderen Voraussetzungen benötigt. Die Taube kann sowohl in der Voliere als auch im Freiflug erfolgreich gezüchtet werden. Als Farbentauben sind sie nicht besonders flüchtig und im Umgang mit ihren Artgenossen sehr angenehm. Die Nachzucht wird sehr stark umsorgt. Heute kennt man die Süddeutsche Schildtaube in 26 Farbenschlägen mit und ohne Binden, Hämmerung oder gar weißer Schuppung.

Rassengruppe	Farbentauben
Ringgröße	8 mm
Betreuender Verein	Sonderverein der Züchter Süddeutscher Farbentauben. Wilhelm Bauer, Schellingstr. 91, 72622 Nürtingen

▲

Thüringer Flügeltaube

Wie der Name sagt, stammt die Rasse aus Thüringen. Sie entspricht von der Form her einer eher langgestreckten Feldtaube. Sie ist immer glattfüßig und üblicherweise auch glattköpfig; sehr selten sieht man sie auch mit Haube. Die Grundfarbe ist weiß. Lediglich die Flügel und eine Stirnschnippe sind farbig. Thüringer Flügeltauben werden in 30 Farbenschlägen gezüchtet, wobei fast alle Flügelzeichnungsmuster bekannt sind. Für ihre zahlreichen Jungtiere sind sie zuverlässige Eltern und stellen keine besonderen Ansprüche an Schlaggröße und -einrichtung. Auch diese Tauben kann man, sofern möglich, im Freiflug halten. Wer sich intensiv mit ihnen beschäftigt, dem bringen sie ein recht angenehmes Wesen entgegen.

Rassengruppe	Farbentauben
Ringgröße	8 mm
Betreuender Verein	Sonderverein der Züchter Thüringer Farbentauben. Jürgen Weichold, Dorfstr. 43, 99326 Großhettstedt

Sächsischer Pfaffe

Bei ganz farbigem Körpergefieder ist beim Sächsischen Pfaffen lediglich der Oberkopf weiß. Die Namensgebung ergab sich demnach auch aus der Ähnlichkeit mit der Tonsur der Mönche. Sie zeigen eine volle Haube und als weiteres Strukturmerkmal eine sogenannte Schnabelnelke. Damit ist ein möglichst kreisrunder Federwirbel an der Stirn gemeint. Sächsische Pfaffen zeigen immer eine große Fußbefiederung, die man während der Zucht am besten beschneidet, um zu verhindern, dass Eier oder Jungtiere aus dem Nest geworfen werden. Die Rasse kennt man in den Farbenschlägen Schwarz, Blau, Rot und Gelb, wobei sie weiße Binden oder Schuppung zeigen. Es gibt auch Blau ohne Binden. Ihre Nachzucht wird zuverlässig großgezogen. Man kann die Tauben im Freiflug halten, doch sollten Tiere für die Ausstellung in Volieren untergebracht werden, um die Fußbefiederung zu schonen. Deshalb sollte der Schlag nicht zu kleinräumig sein.

Rassengruppe	Farbentauben
Ringgröße	11 mm
Betreuender Verein	Sonderverein der Züchter Sächsischer Farbentauben. Gert Melzer, Elterleiner Str. 35, 08352 Langenberg

▼

Nachwuchs

Rechte Seite:
Obwohl sich das Gefieder schon größtenteils ausgebildet hat, zeigt diese Jungtaube noch reichlich Nestdunen.

Taubenküken werden von den Eltern bis zur Selbstständigkeit und manchmal sogar darüber hinaus vollständig versorgt. Dieses Familienleben der Tauben zu beobachten, begeistert immer wieder neu und zieht einen in seinen Bann.

Tauben sind sehr anspruchslos und vermehren sich selbst unter widrigen Umständen meist ohne größere Probleme. Wildlebende Stadttauben, die durch ihre hohe Reproduktionsrate zu einem Problem geworden sind, beweisen dies immer wieder. Taubenliebhaber können sich am jährlich wiederkehrenden Ablauf von Paarung, Brut, Schlupf und Aufzucht erfreuen. Im Gegensatz zu Hühnervögeln, deren Jungtiere Nestflüchter sind, gehören junge Tauben zu den Nesthockern, das heißt, dass sie auf die Fürsorge der Elterntiere bis zur Selbstständigkeit angewiesen sind.

Zucht

Man unterscheidet zwischen Taubenhaltern und Taubenzüchtern. Während Taubenhalter ihre Tiere ohne festgesetzte Ziele vermehren, züchten die anderen auf genau definierte **Zuchtziele** hin. Diese werden bei der Vielzahl der Rassetauben in sogenannten **Rassestandards** detailliert beschrieben. Bei verschiedenen Flugtaubenrassen ist das Zuchtziel ein besonderer Flugstil oder ein Flugbild, das charakteristisch für die Rasse ist. Bei Brieftauben hingegen zählt alleine das schnelle Wiederfinden des heimatlichen Schlages.

Die Grundlage für die Entwicklung von Rassen, und zwar unabhängig von der Tierart, war die Festlegung bestimmter Zuchtziele. Auch heute noch, nach zum Teil mehreren Jahrhunderten der Existenz einer Rasse, sind die Züchter bemüht, sie dem Zuchtziel näher zu bringen. Die Rassereinheit ist demnach oberstes Ziel des Züchters, während der Taubenhalter sich unabhängig vom Zuchtziel an der Taube erfreut. Vielleicht findet ein Taubenhalter sogar besondere Freude daran, verschiedene Rassen und Farbenschläge miteinander zu kreuzen und erhält damit einen variantenreichen Taubenbestand, der seinem Ideal entspricht.

Jeder ernsthafte Züchter sollte ein paar Grundregeln über verschiedene Zuchtmethoden kennen.

Beide, sowohl Züchter als auch Halter, haben ihre Berechtigung und sollten sich als gleichgestellt betrachten. Beide verbindet die Faszination „Taube". Die Bestrebungen des Züchters, seine Tiere dem Standard immer näher zu bringen, sind mit fortlaufender Selektion verbunden. Tiere, die dem Standard nicht oder nur in geringem Maße entsprechen, werden aus der Zucht genommen. In die Zucht gelangen also nur diejenigen Tiere, die dem Ideal am nächsten kommen. Dabei gehen Züchter keinesfalls planlos vor, sondern – ganz im Gegenteil – nach festgelegten Zuchtstrategien.

Reinzucht

Die Reinzucht ist unter den Taubenzüchtern weit verbreitet. Bei diesem Zuchtschema kreuzt man zwei Tiere einer Rasse miteinander, wobei die beiden Tiere durchaus zwei verschiedenen Farbschlägen innerhalb der Rasse angehören können.

Inzucht und Inzestzucht

Inzucht und Inzestzucht sind bei fortwährender Anwendung meist mit einem Verlust an Vitalität und höherer Krankheitsanfälligkeit verbunden. Von diesen Inzuchtdepressionen sind zwar nicht alle Rassen gleich stark betroffen, trotzdem sollte man stets sehr aufmerksam vorgehen und auf Vitalität selektieren.

Methoden der Reinzucht sind die Inzucht und Inzestzucht. Unter Inzucht versteht man die Paarung nah verwandter Tiere untereinander wie Halbgeschwister, Cousin/Cousine, Onkel/Nichte, Tante/Neffe und so weiter. Bei der Inzestzucht werden besonders nah verwandte Tiere wie Mutter/Sohn, Vater/Tochter oder Vollgeschwister miteinander verpaart.

Mit diesen beiden Zuchtmethoden wird das genetische Potenzial der Ausgangstiere voll ausgeschöpft, sodass eine hohe Einheitlichkeit im Erscheinungsbild auftritt.

Ist eine gewisse genetische Vielfalt nicht mehr gegeben, sind keine Leistungssteigerungen möglich oder es treten Inzuchtdepressionen ein, dann muss fremd eingekreuzt werden. Die meisten Züchter betreiben Inzucht daher innerhalb eines größeren Bestandes, wodurch eine zu enge Verwandtschaftszucht vermieden wird. Aber auch für Züchter, die keinen großen Bestand pflegen wollen, ist diese Zuchtmethode durchaus praktikabel, da sie meist eng mit anderen Züchtern der gleichen Rasse zusammenarbeiten und ein Tier aus der fremden Zucht einstellen können. Gerade diese enge Zusammenarbeit mit Zuchtfreunden, wie es in der Züchtersprache heißt, macht viel vom Reiz des Züchtens aus. Neben intensiven Gesprächen über die Rasse entwickeln sich im Lauf der Zeit nicht wenige Freundschaften, die weit über das Fachgebiet hinausgehen.

Linienzucht

Professionelle Züchter betreiben meist keine Inzucht oder Inzestzucht, die ohne festgelegte Regeln abläuft. Man würde ziemlich schnell die Übersicht über den Bestand verlieren und hätte innerhalb kurzer Zeit mit mehr oder weniger starken Inzuchtdepressionen zu kämpfen. Die Linienzucht ist eine gute Alternative. Dies ist ein Zuchtverfahren, das nach einem festen Schema abläuft.

Ziel der Linienzucht ist es, den Zukauf fremder Tiere zeitlich möglichst weit hinauszuschieben und die eigenen Tiere möglichst lange in der Zucht behalten zu können. Dazu hält man zwei oder mehrere Blutlinien parallel, die nicht verwandt sind, aber in ihren Merkmalen dem Zuchtziel entsprechen. Man baut sich die Linien auf, indem man innerhalb der Linien nahe verwandte Tiere rückkreuzt und so eine Reinerbigkeit in möglichst vielen gewünschten Merkmalen erhält. Häufig tritt hier der sogenannte Heterosiseffekt auf, bei dem die Leistungen der Nachkommen die beider Eltern übersteigen.

Auf Dauer eine übersichtliche Zucht zu führen, ist nur möglich, wenn in einem Zuchtbuch alle Verpaarungen und Nachkommenschaften dokumentiert werden.

Zuchtbuch

Ein solches Zuchtbuch sollte alle Informationen enthalten, die man benötigt, um die Herkunft eines bestimmten Tieres zu bestimmen, wie Angaben zu den Elterntieren, Ringnummern zur Identifikation, Legedaten, Schlupftermine und die Entwicklung der Jungtiere. Darüber hinaus sollte man vermerken, welche Jungtiere im Bestand verblieben sind und jedes Tier, das in die Zucht geht, mit einigen positiven und negativen Merkmalen in kurzen Worten charakterisieren. Bei genauer Zuchtbuchführung lassen sich Fehler, die sich in die Zucht eingeschlichen haben, schnell erfassen und man kann zurückverfolgen, aus welcher Linie sie stammen.

Die meisten Züchter führen das Zuchtbuch auf dem Papier, in Form eines Buches oder als Ordner, in dem die einzelnen Zuchtblätter speziell für die jeweilige Rasse abgeheftet werden. Viele Züchter nutzen den PC; sie haben sich entweder selbst ein Programm geschrieben oder vom Fachhandel bezogen. Die Programme haben den Vorteil, dass viele Informationen zu den einzelnen Tieren schnell und einfach abrufbar sind. Selbst ausführliche Stammbäume, die sonst mühsam per Hand erstellt werden müssten, sind sofort verfügbar.

Züchterverband

Neben dem privaten Zuchtbuch, das jeder ernsthafte Züchter führen sollte, gibt es im Bund Deutscher Rassegeflügelzüchter ein „offizielles Zuchtbuch", das von den jeweils zuständigen Zuchtwarten in den einzelnen Landesverbänden betreut wird.

Durch die Mitgliedschaft in einem örtlichen **Kleintier-, Geflügel- oder Taubenzuchtverein** kann man die Mitgliedschaft im Zuchtbuch beantragen, die meist kostenlos ist; nur in wenigen Landesverbänden wird ein einstelliger Euro-Betrag erhoben. Das Zuchtbuch hat die Entwicklung eines separaten Zuchtbuchblattes vorangetrieben, das die Züchter führen und einmal jährlich weiterleiten. Selbstverständlich ist die Abgabe freiwillig, doch kann man durch das Einreichen des Zuchtblattes einige Vorteile für sich verbuchen. Zum einen bieten die Landeszuchtverbände jährlich interessante **Tagungen** mit Fachvorträgen an, bei denen man sein Wissen ständig erweitert, zum anderen bekommt man von den meisten Landeszuchtverbänden Informationen zum Thema Taubenzucht allgemein und die jährliche Übersicht über die Zuchtleistungen aller Rassen im Vergleich zugeschickt. So kann man die Anzahl der Zuchtpaare, die daraus gezüchteten Jungtiere sowie die Anzahl der teilnehmenden Züchter entnehmen. Züchter, die Ausstellungen beschicken, erhalten zudem Informationen zu den Bewertungen. All dies kann helfen, die eigene Zucht zu optimieren. Für die Weiterleitung seiner Zuchtinformationen erhält jeder Züchter eine jährliche Stallplakette.

Fortpflanzung

In der Fortpflanzung unterscheiden sich Tauben nicht nur grundlegend von den Säugetieren, sondern auch von anderen Vogelfamilien, deren Jungtiere Nestflüchter sind. Im Gegensatz zu beispielsweise Haushühnern findet bei Tauben ohne feste **Partnerschaft** keine Fortpflanzung statt. Es gibt also keine Eibildung, Eiablage, Brut und Jungtieraufzucht. Trotz der Voraussetzung einer Partnerschaft nehmen es Tauben mit der ehelichen Treue nicht besonders ernst. Vor allem die Täuber sind für paarungswillige Täubinnen immer zu haben.

Obwohl man es bei der großen Anzahl an Stadttauben anders vermuten könnte, besitzen Tauben eigentlich eine sehr geringe Nachzuchtleistung. In der natürlichen **Fortpflanzungssaison**, in der Regel vom Frühjahr bis zur Hauptmauser in den Herbst hinein, legen die Täubinnen fünf- bis sechsmal zwei Eier, die bebrütet werden. Im Idealfall werden also pro Taubenpaar zehn bis zwölf Jungtiere im Jahr aufgezogen. Dies natürlich unter der Voraussetzung, dass keinerlei Aufzuchtverluste eintreten. In der organisierten Taubenzucht ist man mit drei bis vier Gelegen, also maximal sechs bis acht Jungtieren zufrieden, da die Tauben sonst für die Ausstellungen im Herbst nicht durchgemausert sind. Deshalb trennt man die Partner während der Wintermonate, denn bei guter Versorgung würden sie das ganze Jahr über Jungtiere aufziehen.

Die Aufzuchtleistung ist abhängig von der Taubenrasse. Allgemein kann man sagen, dass große, schwere Rassen eher weniger Jungtiere aufziehen als kleine, mittelschwere Rassen.

Geschlechtsreife

Das Eintreten in die Geschlechtsreife findet bei Tauben je nach Rasse zu unterschiedlichen Zeitpunkten statt. Es gibt Rassen, deren Jungtiere bereits im Alter von fünf Monaten paarungsbereit sind und Junge aufziehen. Im Normalfall wird der Züchter aber seine Jungtauben erst im darauffolgenden Jahr in die Zucht aufnehmen und ihnen damit ausreichend Zeit für ihre Entwicklung geben. Während man bei den Täubinnen den Beginn der Geschlechtsreife schwer erkennt, kann man ihn bei Täubern am lebhaften Balzspiel mit Gurren, dem sogenannten Drehen, schon wesentlich deutlicher erkennen.

Bei manchen Rassen tritt die Geschlechtsreife bereits mit fünf Monaten ein. Üblicherweise werden die Jungtiere erst im darauffolgenden Jahr in die Zucht genommen. Dann ist die körperliche Entwicklung abgeschlossen und durch das Balzgehabe das Geschlecht eindeutig zu erkennen.

Paarungsverhalten und Paarung

Die Paarbildung kommt, wenn vom Züchter nicht anders gewollt, unter natürlichen Bedingungen zustande. Der Täuber umwirbt die Täubin mit einem ausdrucksvollen **Balzgehabe**, dabei neigt er Kopf und Hals etwas nach unten, füllt den Kropf mit Luft und lässt ein markantes Gurren verlauten. Das Schwanzgefieder wird gefächert getragen und mit relativ schnellen Körperdrehungen vor der Täubin präsentiert. Die Täubin fordert den Täuber durch Niedersetzen zum Paarungsakt auf, woraufhin dieser auf die Täubin aufsitzt. Die eigentliche Paarung dauert meist nur vier bis fünf Sekunden. Dabei presst der Täuber seine Kloakenlippen auf die der Täubin und übergibt dabei sein Sperma.

Die natürliche Zusammenführung der Ehepartner, bei der man also die Tiere sich ihre Partner selbst aussuchen lässt, ist mit Sicherheit die Paarfindungsmethode, die unter Taubenhaltern am meisten praktiziert wird. Züchter hingegen wollen ganz bestimmte Elterntiere miteinander verpaaren. Für eine solche geplante Zusammenführung der Tiere eignet sich ein **Paarungskäfig**, der sich in der Mitte abtrennen lässt, den Tieren aber Blickkontakt gewährt. Der Täuber wird ziemlich schnell zum Balzspiel ansetzen und auch die Täubin wird auf dieses Spiel reagieren. Nach etwa einem Tag, wenn das Taubenpärchen Zuneigung signalisiert, kann man den Täuber zur Täubin lassen, die sich dann schnell begatten lässt. Unter

Umständen kann dieses Anpaaren auch mehrere Tage dauern, wenn die Partner anfangs keine Sympathie füreinander zeigen.

Viele Züchter paaren ihre Tauben in Nistzellen an, die dementsprechend gestaltet sind. Diese Methode hat den entscheidenden Vorteil, dass die einzelnen Paare schon alle in einem Schlag sind und eine Nistzelle für sich beanspruchen. Aus diesem Grund ist es auch sinnvoll, die Täuber immer im Zuchtschlag zu belassen, damit sie ihre Nistzelle behaupten können. Die Anpaarung erfolgt dann in dieser vom Täuber besetzten Zelle. Lässt man die neuen Zuchtpaare im Schlag fliegen, kann es vorkommen, dass sie sich einen anderen Partner suchen; das auseinan-

Über das Schnäbeln (1) kommt es zum Aufsteigen auf die Täubin (2), ehe der eigentliche Paarungsakt (3) vollzogen wird.

Vor allem leichte Taubenrassen können sich auch auf einem schmalen Brett paaren, sofern sie nicht durch Artgenossen gestört werden.

der gegangene Paar sollte man dann ein zweites Mal in den Paarungskäfig oder die Nistzelle einsperren.

Wichtig für den Züchter ist es, sich Zeit für die Anpaarung zu nehmen, um Ruhe und Ordnung in den Taubenschlag zu bringen. Dazu planen viele Taubenliebhaber ein Wochenende oder einen kurzen Urlaub ein. Da Tauben normalerweise eine lebenslange Beziehung eingehen, kann es bei Umpaarungen vorkommen, dass Täuber oder Täubin zu ihrem früheren Partner zurück möchten. Um dies zu vermeiden, ist ein zweiter Zuchtschlag sehr nützlich.

Nestbau

Das Werben und die anschließende Paarung sind auch mit dem Nestbautrieb verbunden. Die Kunst des Nestbaus ist bei den Tieren sehr unterschiedlich ausgeprägt; während einige Paare richtige Nestburgen bauen, geben sich andere mit ein paar Halmen zufrieden. Der Nestbautrieb ist Inhalt der Paarbindung, daher sollte man seinen Tauben auf jeden Fall Materialien zum Nisten anbieten. Neben Stroh und Heu sind vor allem dünne Birkenreiser, aber auch Tabakstängel und Salbeistängel geeignetes **Nistmaterial**. Dieses wird handlang geschnitten und im Taubenschlag verstreut. Wer über ausreichend große Volieren verfügt, kann das Nistmaterial auch dort anbieten, denn es animiert die Tauben zu einer ausgeprägteren Flugtätigkeit.

Für das eigentliche Brutgeschäft stellt man seinen Tauben **Nistschalen** zur Verfügung. Diese bietet der Fachhandel in verschiedenen Größen und Materialien, wie Ton, Hartgummi, Kunststoff oder Pressholz, an. Kleine Holzrähmchen haben sich vor allem bei Rassen mit Federfüßen bewährt. Nach jeder Brut sollte man die Nistschalen reinigen und gegebenenfalls desinfizieren, weshalb man stets genügend Ersatzschalen zur Hand haben sollte.

Da das Material der Nistschalen gegenüber der Eischale recht hart sein kann, empfiehlt es sich, den Nistschalenboden etwas **auszupolstern**. Dazu wird gewaschener Sand mit Hobelspänen zu etwa gleichen Teilen gemischt und in die Nistschale gestreut, sodass die Eier selbst bei dürftigen Nestbauern weich liegen und einer erfolgreichen Brut nichts mehr im Weg steht.

Brut

Der Zeitpunkt der nächsten Eiablage nach einer Brutphase ist von Rasse zu Rasse unterschiedlich. Üblicherweise werden die Eier der nächsten Brut zwei bis drei Wochen nach dem Schlupf der Küken der vorangegangenen Brut gelegt.

Das Brutgeschäft ist bei Tauben sowohl Aufgabe der Täubin als auch des Täubers. Das erste Ei wird in der Regel sieben bis acht Tage nach der Paarung am Spätnachmittag gelegt. Die Ablage des zweiten Eies erfolgt dann am übernächsten Tag, also am neunten oder zehnten Tag, am frühen Nachmittag. Das eigentliche Brutgeschäft beginnt erst mit dem Legen des zweiten Eies, das erste Ei wird vorher nur gewärmt. Täuber übernehmen normalerweise das Brutgeschäft zwischen 10.00 Uhr und 16.00 Uhr, die Täubinnen den Rest des Tages.

Mit zunehmender Brutdauer kann man mit etwas Übung erkennen, ob die Eier befruchtet sind und sich Küken entwickeln. **Befruchtete** Eier haben einen bläulichen Schimmer, während unbefruchtete weißlich bleiben. Wem dies zu lange dauert oder wer zu unsicher ist, kann die Eier mit einer kleinen Taschenlampe nach etwa vier Tagen **durchleuchten**. Dazu hält man das Ei über den nach oben gerichteten Lichtstrahl der Taschenlampe. Feine rote Äderchen zeigen das beginnende Leben. Bei dieser Kontrolle ist ein sehr vorsichtiger Umgang mit den Eiern sehr wichtig.

Generell sollte man seine Tiere genau beobachten und sich bei Züchtern der Rasse nach dem Verhalten der Tauben während des Brutgeschäftes erkundigen. Während einige Rassen eine **Nestkontrolle** dulden, reagieren andere auf diese Störung äußerst empfindlich. Werden unbefruchtete Eier festgestellt, muss der Züchter entscheiden, ob er die Eier

Nach dem Fressen sucht das Alttier wieder das Nest auf, wobei es sehr vorsichtig vorgeht, um die Jungtiere nicht zu erdrücken.

bis zum Ende der natürlichen Brutzeit beim Taubenpaar belässt. Entfernt man die Eier, wird die Täubin schneller wieder legen. Dennoch sollte man beachten, dass dadurch die Täubin auch mehr beansprucht wird. Deshalb lassen die meisten Züchter dem Paar die unbefruchteten Eier. Zum errechneten **Schlupftermin** kann man ihnen ein Jungtier eines anderen Paares unterlegen, denn Tauben sind hier nicht sehr wählerisch. Eine Zeitverschiebung von bis zu drei Tagen ist dabei unproblematisch. Die Tauben bleiben so in ihrem natürlichen Rhythmus, was für den weiteren Verlauf der Zuchtzeit sehr vorteilhaft ist.

Schlupf

Der Schlupf der Taubenküken setzt etwa nach 17 bis 18 ½ Tagen Brutzeit ein. Sie schlüpfen dabei nicht gemeinsam, das zweite Küken folgt dem ersten bis zu neun Stunden später. Während des gesamten Schlupfvorganges sitzen die Elterntiere besonders fest auf den Eiern und wehren sich gegen eine Kontrolle durch den Züchter energisch. Man sollte den Tieren in dieser Zeit **absolute Ruhe** gönnen, da herausgeschleuderte Eier oder gar tote Jungtiere die Folge von Störungen sein könnten.

Der Schlupf dauert etwa 24 Stunden und beginnt mit dem Durchbrechen der Eischale mithilfe des **Eizahns** am Schnabel des schlüpfenden Jungen. Das Loch wird durch weiteren Druck gegen die Eischale erweitert, bis diese ringförmig aufgerissen ist. Anschließend stoßen die Küken den

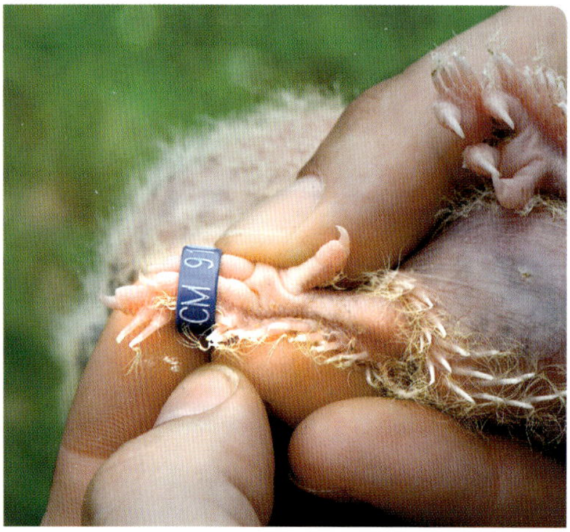

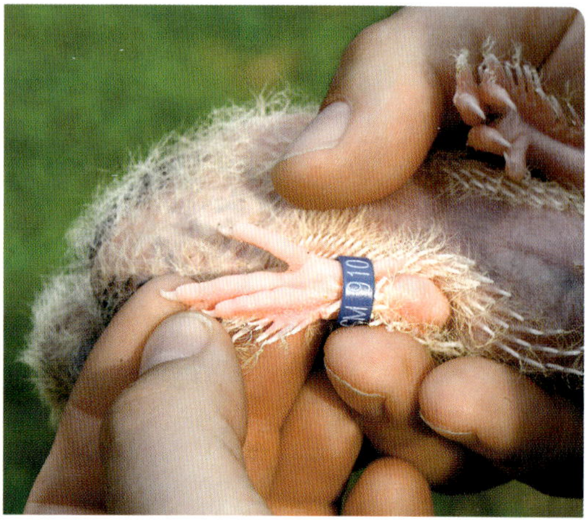

Zuerst wird der Ring über die drei vorderen Zehen gezogen, ehe er über die nach hinten gebogene Standzehe geschoben wird.

Deckel auf und schlüpfen nach außen. Verzögert sich der Schlupf, kann es bei sehr trockenem Wetter dazu kommen, dass das anfangs noch feuchte Küken an der Eihaut antrocknet und sich nicht von der Schale lösen kann. Deshalb sollte man seinen Tauben während der Brutzeit am besten zweimal wöchentlich ein Bad anbieten. Die **Feuchtigkeit** im Nest erleichtert den Schlupf.

In den Schlupfvorgang selbst sollte man auf keinen Fall eingreifen, denn meist endet dies mit dem Tod des Kükens, weil es zu schwach ist, die Eltern um Futter anzubetteln. Kommt es wider Erwarten durch, wird es in seiner Entwicklung beeinträchtigt sein und von den anderen Tieren zum Teil massiv unterdrückt werden. Die zu Beginn noch nassen Küken trocknen sehr schnell ab. Sie brauchen viel Wärme, sind blind und vollständig auf die Pflege durch die Eltern angewiesen. Taubenküken der meisten Farbenschläge besitzen ein langes, gelbes Daunenkleid, während die Küken sogenannter Verdünntfarbenschläge vollkommen nackt wirken; Unterschiede in Vitalität und Wachstum sind aber nicht festzustellen.

Obwohl zwei Küken einer Brut zeitversetzt schlüpfen, wachsen sie gleichmäßig heran. Schlüpft nur ein Küken, ist es sinnvoll, das zweite Ei während der ersten zwei Lebenswochen nicht zu entfernen. Es bietet eine zusätzliche Wärmequelle und verhindert die Bildung von **Grätschbeinen** beim geschlüpften Küken. Dieses Phänomen wird fast ausnahmslos bei Einzeljungtieren beobachtet, deshalb ist es sinnvoll, stets einige unbefruchtete Eier aufzubewahren, um sie Einzelküken beilegen zu können.

Will man seine Tauben **beringen**, muss dies während der Nestlingszeit erfolgen, bei glattfüßigen Rassen etwa am 5. Lebenstag. Dazu wird der Ring über die drei vorderen Zehen gestreift, die hintere Standzehe nach

Diese Jungtiere sind zwei Tage alt und noch vollständig nackt.

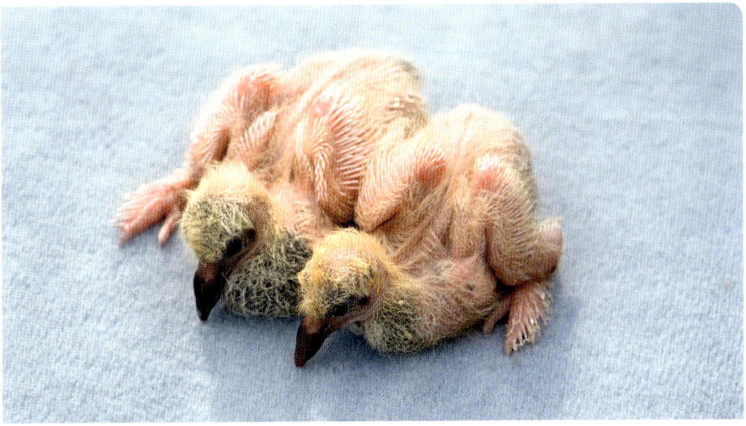

Nach fünf bis sechs Tagen sieht man schon die ersten Federkiele.

Nach etwa 20 bis 22 Tagen deckt das Gefieder den Körper fast vollständig ab.

hinten gedrückt und der Ring so darüber gezogen, dass er am Lauf sitzt. Bei Rassen mit Federfüßen erfolgt die Beringung meist am 7. Lebenstag. Bei diesen Tauben wird der Ring über das Fersengelenk nach oben geschoben.

Aufzucht

Tauben gehören zu den am schnellsten wachsenden Wirbeltieren. In nur vier Lebenswochen entwickeln sie sich zu vollkommen selbstständigen Lebewesen. Sie verdoppeln ihre Körpermasse innerhalb von 34 Stunden nach dem Schlupf und zeigen demnach eine sehr steile Wachstumskurve. Lediglich Vögel, die Insekten fressen, wachsen noch schneller.

Brut, Nestpflege und Jungtieraufzucht teilen sich Täubin und Täuber. In den ersten drei bis vier Lebenstagen werden die Küken ausschließlich mit **Kropfmilch** versorgt, die mit würgenden Bewegungen von den Alten direkt in den Schnabel der Jungen gegeben wird. Etwa ab dem 5. Lebenstag erhalten die Küken zusätzlich im Elternkropf vorgeweichte Körner, die wie die Kropfmilch an die Küken übergeben werden. Bis zum 25. Lebenstag der Küken stellen die Eltertiere langsam und kontinuierlich die Kropfmilchfütterung ein, damit die Jungtiere sich schonend an die Aufnahme fester Nahrung gewöhnen.

Bestandteile der Kropfmilch

- 75 % Wasser
- 12,5 % Eiweiße (Proteine)
- 2,5 % Nicht-Protein-Stickstoff
- 8,5 % Fette
- 1,5 % Mineralstoffe

Für die erfolgreiche Aufzucht der Jungtiere sind mehrere Faktoren entscheidend. Ein gutes **Hudervermögen** der Alttiere (Schutz der Küken vor Witterungseinflüssen mit den Flügeln oder im Bauchgefieder) und die Bereitschaft zum **Füttern** müssen unbedingt vorhanden sein. Doch ohne das **Betteln** der Jungtiere als Schlüsselreiz, das durch energisches Piepsen, bei älteren Tieren auch durch Flügelschlagen, charakterisiert ist, werden sie mit dem Füttern nicht beginnen. Werden also Jungtiere nicht angefüttert, muss dies nicht an fehlender Fürsorge der Eltern liegen, meist zeigen die Küken kein Bettelverhalten. Die Vitalität der Jungtiere hat oberste Priorität. Ein Zeichen, dass sie eingeschränkt ist, lässt sich an mangelndem oder fehlendem Bettelverhalten erkennen, welches zu hohen Aufzuchtverlusten führen kann.

Die **Federbildung** setzt früh ein, sodass das Küken mit dem 10. Lebenstag überall Federkiele zeigt. In dieser Zeit sieht es richtig stachelig aus. Nach und nach öffnen sich die Federkiele und mit 21 Tagen ist das Küken vollständig befiedert. Mit 28 Tagen ist die Federbildung beziehungsweise -ausreifung abgeschlossen, nun sind die Jungtiere selbstständig und nicht mehr auf die Hilfe der Eltern angewiesen.

Absetzen der Jungtiere

Früher war es üblich, die Jungtiere bei den Alttieren im Zuchtschlag zu lassen. Bei friedfertigen Rassen ist gegen diese Vorgehensweise nichts einzuwenden. Sie kann sogar von Vorteil sein, denn viele Eltern füttern ihre Jungtiere auch noch über den 28. Lebenstag hinaus.

Manche Alttiere sind fremden Jungtieren gegenüber jedoch recht aggressiv und picken den frisch auf dem Schlagboden gelandeten Tieren den Kopf auf, was meistens für die Jungen tödlich endet. Dies tritt vor allem dann auf, wenn die **Schlaggröße** der Anzahl der Tauben nicht angepasst ist. Ein für sechs Zuchtpaare ausgelegter Schlag wird mit zunehmender Anzahl Jungtiere schnell zu klein. Auch wegen der besseren Kontrolle der Jungtiere hat es sich bewährt, diese rechtzeitig von den Eltern abzusetzen.

Ein Jungtierschlag kann für die Entwicklung der Nachzucht von großem Nutzen sein. Hier können sie ungestört von fremden Alttieren aufwachsen und die regelmäßige Tierkontrolle vor allem der Futter- und Wasseraufnahme ist einfacher.

Zum Absetzen werden die Jungtiere zwischen dem 25. und 28. Lebenstag aus der Nistzelle genommen und in einen separaten **Jungtierschlag** gesetzt. Wenn vor diesen ein sogenannter Babystall platziert wird, können die Tiere gut beobachtet werden und die Umstallung verläuft meist problemlos. Als **Babystall** kann hier der Anpaarungskäfig verwendet werden, in dem nach Möglichkeit immer zwei Jungtiere zusammen untergebracht und mit Futter und Wasser versorgt werden. Auf diese Weise hat man als Züchter die Möglichkeit, die Futter- und Wasseraufnahme der abgesetzten Jungtiere genau zu verfolgen.

Nach einer knappen Woche setzt man die Jungtiere in den eigentlichen Jungtierschlag um. Hier besteht die Gefahr, dass ältere Jungtiere schon zu dominant sind und die Neuankömmlinge belästigen, je nach Rasse ist dies unterschiedlich. Durch Züchtergespräche im Vorfeld kann man hier manch bittere Erfahrung vermeiden.

Wem die Einrichtung eines Babyschlages, der oft nur die Größe eines Kaninchenstalles hat, zu aufwendig ist, kann auf ihn auch verzichten. Eine genaue **Beobachtung der Jungtauben** ist dann besonders wichtig, wobei man vor allem die Augen kontrollieren sollte. Sitzt eine Jungtaube teilnahmslos da und kneift die Augen zusammen, hat sie mit Sicherheit den Weg zum Wasser noch nicht gefunden. In diesem Fall taucht man den Schnabel der Jungtaube in das Wassergefäß, woraufhin sie meist gierig trinkt. Bei manchen Tieren ist es notwendig, diese Maßnahme am folgenden Tag zu wiederholen. So sollte man die Tränke und den Futtertrog stets an der gleichen Stelle platzieren. Für die Entwicklung der Jungen ist eine zu hohe Besatzdichte sehr nachteilig. Einrichtungsgegenstände im Jungtierschlag sind die Sitzgelegenheiten, je Jungtaube ein Sitzplatz sowie eine etwa zehn Zentimeter hoch mit Stroh eingestreute Fläche. Mit zunehmender Mauser der Jungtiere wird das Stroh jedoch ziemlich stark verunreinigt, sodass es regelmäßig gewechselt werden muss.

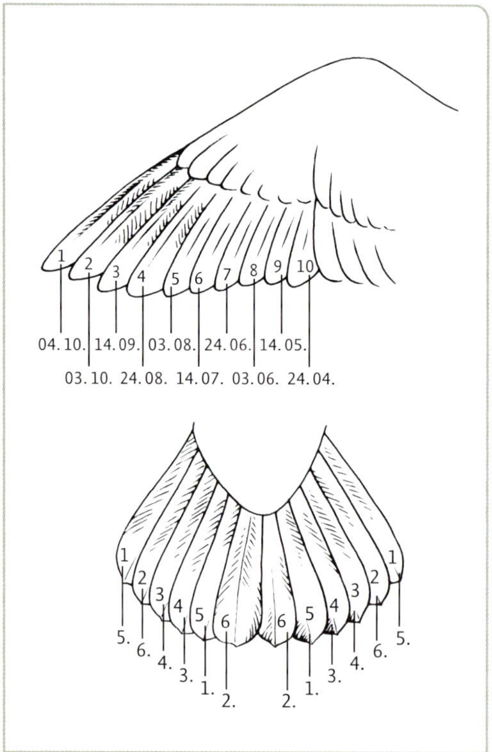

Nummerierung der Handschwingen und Schwanzfedern sowie deren Reihenfolge beim Mauserverlauf.

Mauser

Die jährliche Erneuerung des Gefieders ist eine Zeit, die für die Vögel in der Regel eine enorme Belastung darstellt und besonderer Aufmerksamkeit vonseiten des Halters bedarf.

Die Funktionsfähigkeit der Federn ist befristet, weil sie sich mit der Zeit abnutzen, verschmutzen und auch abbrechen. Während der jährlichen Mauser, die offenbar hormonell gesteuert ist, wird das Gefieder der Taube erneuert, indem nachwachsende Federkiele die alten Federn abstoßen. Dieser kräftezehrende Vorgang ist notwendig, damit das Vogelgefieder seine Schutzfunktionen durch die Elastizität und Schmutz abweisenden Eigenschaften der Federn nicht verliert.

Üblicherweise findet die Mauser im Herbst statt. Trotz körperlicher Einschränkungen können sich Tauben in dieser Zeit weiter fortpflanzen, was jedoch zu einer zusätzlichen Belastung des Organismus führt. Aus diesem Grund trennen die meisten Taubenhalter männliche und weibliche Tiere nach der Paarungszeit und stimmen diesen Termin zeitlich auf den Beginn der Hauptmauser ab.

Da die Taube als Flugvogel in freier Wildbahn vielen Gefahren ausgesetzt ist, muss die Mauser so ablaufen, dass ihr Flugvermögen erhalten bleibt.

Ablauf der Mauser

Die Mauser beginnt mit dem Ausfallen der zehnten Handschwinge, üblicherweise im Mai. Die folgenden Handschwingen werden fortlaufend abgeworfen und nachgebildet. Die Armschwingenmauser beginnt, wenn die Handschwingen etwa zur Hälfte gemausert sind. Das Schwanzgefieder wird ziemlich zeitgleich mit den Armschwingen gemausert, auch hier gibt es eine feste Reihenfolge der Federn, um die Flugfähigkeit zu erhalten. Auffallend ist, dass manche Jungtauben, wenn sie Ende Mai oder später geboren wurden, die Armschwingen nur zum Teil im ersten Jahr mausern. Der andere Teil der Federn wird bis zum zweiten Jahr behalten und erst dann erneuert. Die Hauptmauser des ganzen Kleingefieders beginnt im August. In dieser Zeit fallen große Federmengen an, die sich bevorzugt in den Ecken des Taubenschlages und in den untersten Nistzellen ansammeln, wenn diese bis auf den Boden reichen.

Tauben haben unabhängig von der Größe durchschnittlich etwa 5800 Federn, die jährlich während der Mauser vollständig durch neue ersetzt werden.

Mauserstörungen vorbeugen

Jährlich wiederkehrend ist die Mauser eine Zeit, die die Taube stark beansprucht. Wenn das Tier mit eingezogenem Kopf und gesträubtem Gefieder herumsitzt, könnte man den Eindruck haben, das Tier sei krank. Doch mit etwas Erfahrung wird man die Unterschiede erkennen. Um den Vögeln eine optimale Gefiederbildung zu ermöglichen, ist es wichtig, den Tauben während dieser Zeit ein hochwertiges, unverändertes Futter anzubieten. Für spezielle Farbvarianten sind dagegen spezifische Futter nötig. Der erhöhte Bedarf der Tauben an Vitaminen, Mineralstoffen und Aminosäuren muss berücksichtigt werden, so dürfen Grit, Taubenstein und Futterkalk jetzt nicht fehlen.

Federlinge und Milben können sich durch die Ansammlung größerer Federmengen und -staub im Taubenschlag ideal vermehren. Deshalb sollte man den Schlag oft davon säubern und anschließend mit Ungezieferspray oder einem Tropfmittel behandeln. Durch diese Präventivmaßnahmen wird vermieden, dass die neuen Federn der Vögel von Parasiten befallen und eventuell beschädigt werden. Zur **Schlagreinigung** während der Mauserzeit hat sich ein spezieller **Staubsauger** bewährt, der die Mauserrückstände sicher und restlos entfernt. Ein wöchentliches **Bad** wird von den Tauben gerne angenommen und fördert den komplikationslosen Ablauf der Mauser sowie die Bildung neuer, gesunder Federn.

Federlinge halten sich bevorzugt unter den Flügeln auf. Dort sollte immer zuerst kontrolliert werden.

▲

Altholländischer Kapuziner

Bei der Rasse spricht man auch von den Farbentauben unter den Strukturtauben, denn neben der Gefiederstruktur wird auch großer Wert auf satte Farben gelegt. Die Gefiederstruktur bildet sich aus Kette, Mähne und Hut. Damit sind die Vorderseite der Struktur (Kette), die Federstruktur am Hinterhals (Mähne) und der Schluss am Oberkopf (Hut) gemeint. Als Besonderheit zeigen Altholländische Kapuziner sogenannte Perlaugen mit weißen Iriden. Im Umgang mit dem Züchter ist die Rasse sehr ruhig, wenngleich sie über ein gutes Flugvermögen verfügt. Sie ist durchaus eine Strukturtaubenrasse für den Anfänger, denn sie vereinigt viele gute Eigenschaften. Die reichliche Nachzucht zieht sie selbstverständlich fürsorglich auf. Gezüchtet wird sie in 12 Farbenschlägen.

Rassengruppe	Strukturtauben
Ringgröße	8 mm
Betreuender Verein	Sonderverein der Züchter Altholländischer Kapuziner. Siegfried Häusler, Lippborger Str. 105, 59269 Beckum

Lockentauben

Lockentauben sind sehr ruhige Tauben und überaus zutraulich dem Züchter gegenüber. Es handelt sich um kräftige Vögel, die eine sehr kurze Fußbefiederung haben. Der Kopf ist entweder glatt oder mit einer Haube geziert. Die Struktur ist auf die relativ großen Flügelschilder begrenzt. Dort sind die einzelnen Federn korkenzieherartig gedreht, was recht adrett aussieht. Der Pflegeaufwand ist nicht größer als bei anderen Taubenrassen und auch die Haltungsansprüche unterscheiden sich nicht. In den Freiflug sollte man sie nicht lassen, denn sie sind keine großen Flieger. Lockentauben gibt es in 18 interessanten Farbenschlägen und auch einer Variante mit farbigen Flügelschildern, wie man es von den Schildtauben her kennt.

Rassengruppe	Strukturtauben
Ringgröße	9 mm
Betreuender Verein	Sonderverein der Züchter der Lockentauben. Gerhard Dehler, Am Frohnberg 1, 96237 Ebersdorf

▼

▲

Altdeutsches Mövchen

Etwas Puppiges haftet den eher kleinen, aber kompakten Altdeutschen Mövchen an. Sie sind im Umgang mit dem Menschen ruhig, können aber auch recht temperamentvoll sein und sind deshalb eine ideale Anfängerrasse. Obwohl der Schnabel etwas kürzer als bei den meisten anderen Taubenrassen ist, ziehen sie ihre Jungtiere mühelos auf. Als Besonderheiten haben sie eine Rundhaube auf dem Kopf und das Jabot – eine Federkrause am Vorderhals – wie sie alle Mövchen zeigen. Üblicherweise werden sie in einer schildigen Zeichnungsvariante gezüchtet, doch sind auch einfarbig Weiße und solche mit farbigen Schwänzen bekannt.

Rassengruppe	Mövchentauben
Ringgröße	7 mm
Betreuender Verein	Torsten Dallmann, Lilienthaler Heerstraße 196, 28357 Bremen

Italienische Mövchen

Recht kleine Tauben sind die Italienischen Mövchen, die im Gegensatz zu den anderen Mövchentauben relativ lange Beine haben und eine waagerechte Haltung zeigen. Typisch ist für sie aber auch die Federkrause am Vorderhals, das Jabot. Sie konnten in den letzten Jahren viele neue Züchter gewinnen, denn der Schnabel ist mittellang, wodurch eine Aufzucht der eigenen Jungtiere ohne Weiteres möglich ist. Dazu kommt das mövchentypische, ruhige Wesen, was sie sehr beliebt macht. Man kann die Italienischen Mövchen auch in räumlich beengten Verhältnissen sehr erfolgreich züchten. Üblicherweise findet man die Rasse in Volieren, doch kann man ihnen auch kontrolliert Freiflug gewähren. An Farbenschlägen kennt man derzeit 42.

Rassengruppe	Mövchentauben
Ringgröße	7 mm
Betreuender Verein	Sonderverein der Züchter Italienischer Mövchen. Thomas Reister, Siedlung 3, 76593 Gernsbach

▼

Gesund oder krank?

Rechte Seite:
Ein glattes Gefieder ist ein äußeres Zeichen von purer Lebenslust und Gesundheit.

Nur gesunde Tiere, die sich wohl fühlen, bereiten dem Tierliebhaber Freude und können die erwünschten Leistungen erbringen! Mit dem Halten von Tieren ist man auch im Sinne des Tierschutzes für deren Gesunderhaltung verantwortlich.

Die Haltung und Zucht von Tauben soll für den Liebhaber dieser Vögel Entspannung und Erholung sein, was bei kranken, kraftlosen Tieren schwer möglich ist. Vitale Tauben haben ein gesundes, glattes Gefieder, glänzende Augen, frohwachsende Jungtiere und ein aufmerksames, lebhaftes Wesen.

Gesundheitsvorsorge

Eine entsprechende Gesundheitsvorsorge ist allemal besser als die Behandlung einer Krankheit. Man ist beim Halten von Tieren nach dem Tierschutzgesetz dazu verpflichtet, diese gesund zu erhalten und verantwortungsvoll mit ihnen umzugehen. Vitale, widerstandsfähige Tiere sind die beste Voraussetzung, um dem Ausbruch von Krankheiten vorzubeugen. Zusätzlich tragen folgende Vorsorgemaßnahmen viel zur Gesunderhaltung des Bestandes bei:

- Rassegerechte Taubenschläge, die in ihrer Größe der Tierzahl angepasst sind.
- Ausreichend große Volieren für den gesamten Taubenbestand.
- Gute Lüftung der Taubenschläge.
- Keine Zugluft.
- Rassegerechtes, bedarfsangepasstes und ausgewogenes Futter.
- Hygienische Futterplätze und Tränken, die eine Verschmutzung des Futters oder Wassers verhindern.
- Freier Zugang für die Tiere zu Trinkwasser in ausreichender Menge und Qualität.
- Regelmäßige Reinigung und Desinfektion des Taubenschlages und aller Einrichtungsgegenstände.
- Regelmäßige Kontrolle der Tiere.

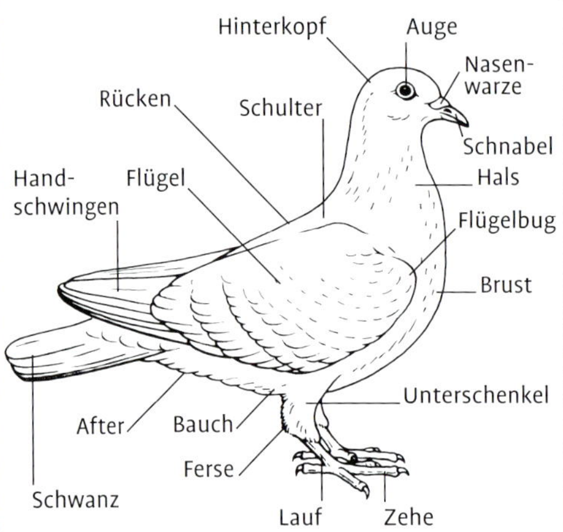

Körperteile der Taube.

Ursprünglich betrieb man die Taubenhaltung nebenbei, ohne den frei fliegenden Tauben große Beachtung zu schenken. Die schwachen, kranken Tiere wurden durch allerlei Raubzeug, vor allem Greifvögel, dezimiert. Durch den neuen Stellenwert der Taubenhaltung, des Tieres an sich und die veränderten Haltungsbedingungen in Richtung Volierenhaltung ist die Tierbeobachtung und -pflege zu größerer Bedeutung gekommen. Nur bei einer regelmäßigen, aktiven Kontrolle des Einzeltieres, die mindestens jeden zweiten Monat durchgeführt werden sollte, kann man Veränderungen des Allgemeinzustandes, der Bemuskelung und des Gefieders feststellen und entsprechend darauf reagieren.

Symptome erkennen

Wer Tauben halten möchte, muss sich auch mit den Symptomen von Krankheiten und Parasitenbefall beschäftigen. Bei einer Infektion weichen äußere Erscheinung und Verhalten meist von dem einer gesunden Taube ab.

Kraftlose und kranke Tiere sondern sich von den anderen Tauben ab. Sie ziehen den Hals ein, kneifen die Augen zusammen und sträuben das Gefieder. Diese Symptome können aber auch während der Hauptmauser auftreten, sodass man hier genau differenzieren muss. Ebenfalls sollte man das **Fressverhalten** jeder einzelnen Taube kontrollieren. Tiere, die keinen Appetit zeigen und nur unregelmäßig die Futterstelle aufsuchen, sind besonders aufmerksam zu beobachten. Kranke Tiere werden sofort aus dem Bestand entfernt und in einen separaten Krankenstall, zum Beispiel den Anpaarungskäfig, gebracht.

Eine gesunde Taube hat

- Klare Augen ohne Ausfluss.
- Trockene, gepuderte Schnabelwarzen.
- Keinen Ausfluss aus den Nasenlöchern.
- Rassetypisches, meist glattes Gefieder ohne Veränderungen in der Federbeschaffenheit (Löcher, Einkerbungen usw.).
- Geschmeidiges Gefieder.
- Rassetypische Bemuskelung, vor allem des Brustmuskels.

Krankheiten und ihre Behandlung

Trotz aller Vorbeugemaßnahmen lässt es sich nicht vermeiden, dass Tauben einmal krank werden. Ist dies der Fall, muss der Halter möglichst schnell reagieren, um eine Ausbreitung der Krankheit auf den gesamten Taubenbestand zu verhindern. Da Tauben im Verband leben und dieselbe

Futter- und Wasserstelle benutzen, lässt sich dies nur schwer kontrollieren. Bei einem konstatierten Krankheitsausbruch ist es ratsam, den gesamten Bestand medizinisch zu behandeln.

Während der Fachhandel sehr wirksame Präparate gegen Ektoparasiten (Federlinge, Milben) anbietet, sollten Medikamente gegen Endoparasiten (Spul- und Haarwürmer) sowie Viren und Bakterien erst nach eindeutiger Diagnose und durch den **Tierarzt** verabreicht werden. Ein Tierarzt in der Umgebung, der in der Behandlung von Tauben Erfahrung hat ist vorteilhaft, alternativ kann man sich an die Staatlichen Tierärztlichen Untersuchungsämter wenden. Eine weitere gute Adresse ist die Taubenklinik des Brieftaubenzüchterverbandes in Essen. Neben Brieftauben werden dort auch alle Rassen behandelt. Da die Klinik nur Tauben behandelt, besitzt sie auf diesem Gebiet einen unvergleichlichen, fachspezifischen Erfahrungsschatz. Man kann sich dort über die richtige Entnahme von Kotproben oder Rachenabstrichen informieren, die Proben auf dem Postweg in die Taubenklinik schicken und erhält dann innerhalb kürzester Zeit eine genaue Diagnose mit der entsprechenden Behandlungsempfehlung. Auch die nötigen Medikamente können von dort bezogen werden.

Bei solcher Vertrautheit zwischen Taube und Züchter ist die regelmäßige Gesundheitskontrolle und eventuelle Behandlung nicht schwer.

Suchen Sie sich einen Tierarzt in ihrer Nähe, der in der Behandlung von Tauben Erfahrungen hat. Alternativ steht jedem Taubenzüchter die Taubenklinik des Brieftaubenzüchterverbandes in Essen zur Verfügung.

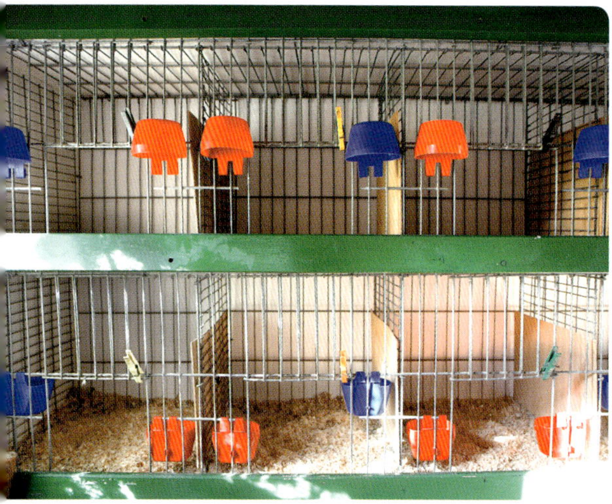

Oben: Einzelkäfige können sehr sinnvoll sein, wenn es darum geht, ein Tier zur Behandlung aus dem Bestand nehmen zu müssen.

Unten: Bei angewachsenem Volierenboden muss immer wieder auf Darmparasiten geachtet werden.

In Taubenbeständen sind meist mehrere Faktoren für den Ausbruch einer Krankheit verantwortlich, v. a. Umweltfaktoren wie schlechte Lüftung, zu hohe Besatzdichte und hygienische Mängel, wodurch die Ausbreitung von Schaderregern begünstigt wird. Suboptimale Lebensbedingungen schwächen das Immunsystem der Tiere und dies begünstigt den Ausbruch einer Krankheit.

Medikamentengabe erfolgt bei Tauben meist über das Trinkwasser, die Dosierungsanleitungen des Tierarztes sind dabei genau zu beachten. Häufig ist nach einigen Tagen eine zweite Medikamentengabe erforderlich. Mittel, deren Haltbarkeitsdatum überschritten ist, dürfen nicht mehr verwendet, sondern müssen ordnungsgemäß entsorgt werden.

Eine nach überwundener Krankheit anschließende Vitamingabe, am besten über das Trinkwasser, fördert die Regeneration der Tiere. Im Folgenden werden einige, für Tauben bedeutende Krankheiten vorgestellt, weitergehende Informationen finden sich in der Fachliteratur.

Kokzidiose

Einzeller, die Kokzidien, verursachen diese Darminfektion. Die meisten, um nicht zu sagen alle, Tauben sind eigentlich das ganze Jahr über mit Kokzidien kontaminiert. Vor allem während der feucht-warmen Jahreszeit tritt die Krankheit vermehrt in Erscheinung. Solange der Befall nicht zu groß ist, treten keine klinischen Symptome auf. Nimmt er aber stark zu, können die Kokzidien die Gesundheit der Taube massiv beeinträchtigen. Erhöhter Kokzidienbefall kann bestehen, wenn die Tauben matt wirken und das Gefieder sträuben. Die Kotkonsistenz ist deutlich weicher als gewöhnlich und mit fortwährender Erkrankung können die Tauben stark abmagern.

Das Hauptproblem einer Kokzidieninfektion ist die erhöhte Anfälligkeit gegenüber anderen, schlimmeren Krankheitserregern. Durch regelmäßige Hygienemaßnahmen lässt sich der Befall kontrollieren. Dennoch kann eine Kokzidienkur hin und wieder notwendig sein, die nach einem positiven Befund am besten vor dem Anpaarungstermin durchgeführt wird.

Trichomoniasis

Erreger des Gelben Knopfes, wie die Krankheit genannt wird, sind Geißeltierchen (Flagellaten). Der Gelbe Knopf war früher die Hauptursache für Aufzuchtverluste bei Jungtauben. Trichomoniasis tritt weltweit in Taubenbeständen auf, wobei die Infektion meist subklinisch-latent ist und die Tiere zu **Dauerausscheidern** werden.
Die manifeste Form tritt vor allem bei den Jungtieren auf, die sich meist bei der Fütterung durch die Alttiere infizieren, aber auch bei adulten Tieren kann es im Rahmen einer Immunschwäche durch Stress zu einem Ausbruch der Krankheit kommen.

Tiere, die einen kranken Eindruck machen, müssen sofort vom restlichen Bestand isoliert werden. Ein Einzelkäfig bietet sich hierfür gut an.

Der Gelbe Knopf hat verschiedene Erscheinungsformen. Die bekannteste ist die Rachenform, bei der sich gelbliche Beläge im gesamten Rachenbereich bilden, die sich schnell ausbreiten und bei den Jungtauben zu erheblichen Schluckbeschwerden führen können. Mit zunehmender Ausprägung verhungern sie, weil sie apathisch in der Nistschale sitzen und nicht mehr um Futter betteln.

Die Nabelform beziehungsweise der Befall innerer Organe ist eher selten. Eine vorbeugende Kur des gesamten Alttierbestandes vor der Zuchtzeit ist durchaus zu empfehlen, um die Übertragung der Trichomonaden auf die Nestjungen zu vermeiden. Bei einer Behandlung ist der richtige Zeitpunkt bedeutend, da die Medikamente eine toxische Wirkung auf das Sperma haben, sodass unbefruchtete Eier die Folge sein können. Am sinnvollsten ist demnach die Trichomonadenkur, wenn die Eiablage bereits abgeschlossen ist.

Dösende Tauben sitzen gerne eine gewisse Zeit einfach da, sodass man nicht gleich mit dem Schlimmsten rechnen muss.

Salmonellose

Salmonellose wird durch Bakterien hervorgerufen. Sie ist eine der größten Gefahren in der Taubenhaltung und die Infektionskrankheit, durch die die meisten Verluste entstehen. Neben häufigen Todesfällen können erhebliche Leistungseinbußen auftreten. Salmonellen werden über den Kot und den Speichel ausgeschieden. Neben klinisch kranken Tieren gibt es Dauerausscheider, die besonders gefährlich sind, weil sie äußerlich vollkommen gesund erscheinen, die Erreger aber im Bestand verbreiten.

Die **Nadelimpfung**, die vorbeugend vor der Zuchtzeit vom Tierarzt durchgeführt werden

Im Freiflug kommen Tauben eher mit gesundheitlichen Gefahren in Kontakt als in der Volierenhaltung.

sollte, und zusätzliche Antibiotikagaben bei Krankheitsausbruch sind wirksam. Diese sollte man nur nach Absprache mit dem Tierarzt anwenden. Eine vorbeugende Antibiotikagabe ohne entsprechenden Nachweis der Bakterien und ihres Antibiogrammes ist nicht sinnvoll, weil sonst entweder nicht das am besten wirksame Antibiotikum zum Einsatz kommt oder Resistenzen der Bakterien begünstigt werden.

Deutliche **Symptome** der Salmonellose sind Teilnahmslosigkeit, ein eingezogener Kopf und struppiges Gefieder. Der Kot ist sehr weich bis flüssig und zum Teil von stark grünlicher Farbe. Vor allem bei Alttieren können die Gelenke, vor allem die Flügelgelenke, geschwollen sein, wodurch die Flugfähigkeit verloren geht.

Paramyxovirus-Infektion

Die Paramyxovirus-Infektion stellt heute eine der am meisten gefürchteten Taubenkrankheiten dar, bei der, wenn keine entsprechenden Maßnahmen ergriffen werden, ganze Bestände sterben. Wie die Salmonellen wird auch der Paramyxovirus über Kot und Speichel ausgeschieden und vor allem durch gemeinsame Futter- und Tränkestellen rasch auf den gesamten Bestand übertragen. Der Virus kann sich jedoch auch über die Luft verbreiten.

Das typische Erscheinungsbild einer Paramyxovirus-Infektion ist normal geformter Kot, der von einer Flüssigkeitslache umgeben ist, was auf einen erhöhten Flüssigkeitsverlust hindeutet. Auffallend sind massive **Lähmungserscheinungen**. Die Tauben drehen den Kopf so stark nach hinten und vorne, dass sie sich dabei sogar überschlagen können.

Als Prophylaxe hat sich eine Immunisierung durch eine **Nadelimpfung** bewährt. Die heute angebotenen Impfstoffe bieten einen Schutz für sechs bis zwölf Monate. Der Impfstoff wird dabei vom Tierarzt im Nackenbereich der Taube unter die Haut injiziert.

Werden neben Tauben auch andere Geflügelarten wie Hühner gehalten, muss man seine Tauben laut Tierseuchenschutzgesetz gegen die Newcastle-Krankheit impfen. Die Impfung erfolgt über das Trinkwasser.

Aufgrund der zum Teil katastrophalen Auswirkungen der Krankheit hat sich die Paramyxovirus-Schutzimpfung in den Taubenbeständen durchgesetzt und so tritt die Erkrankung eigentlich nur noch in ungeimpften Beständen auf. Es muss darauf hingewiesen werden, dass Tauben, die an größeren Ausstellungen teilnehmen sollen, sowie Brieftauben geimpft sein müssen.

Werden neben Tauben auch noch Hühner oder Zwerghühner gehalten, muss den Tauben zusätzlich ein Impfstoff gegen das **Newcastle-Disease**-Virus (ND, Atypische Geflügelpest) über das Trinkwasser verabreicht werden, da verwandtschaftliche Beziehungen zwischen diesen beiden Erregern bestehen. Diese Impfung wird vom Tierseuchenschutzgesetz verlangt, weil die Atypische Geflügelpest eine anzeigepflichtige Seuche ist.

Für den Transport von Tauben haben sich solche handelsüblichen Kisten in verschiedenen Größen und Ausführungen bewährt.

Rundwürmer

Rundwurmbefall ist bei Tauben keine Ausnahme, da sie sich über den Volierenboden immer wieder von Neuem mit Wurmeiern infizieren. Tauben in Volierenhaltung sind stärker befallen als Tauben mit Freiflug. Die Abtötung der Würmer und Wurmeier im Boden ist fast unmöglich. Ein regelmäßiger Wechsel der oberen Bodenschicht in der Voliere ist deshalb ratsam. Werden Tauben auf Drahtrosten gehalten, können Wurminfektion ausgeschlossen werden.

Um den Organismus der Taube durch eine Entwurmung nicht unnötig zu belasten, sollte vorher eine Kotprobe untersucht werden. Die Entwurmung sollte keinesfalls während der Mauser durchgeführt werden, da Probleme bei der Federbildung die Folge sein können.

Die sehr wirksamen Präparate gegen Wurmbefall sind beim Tierarzt erhältlich und werden entweder über das Wasser oder bei kleineren Beständen in Form einer Tablette verabreicht. Diese Entwurmung ist nach einem bestimmten Zeitraum zu wiederholen, um auch die neue Generation der Würmer, die aus den Eiern geschlüpft sind, abzutöten.

Ektoparasiten

Hierbei handelt es sich um schmarotzende Parasiten, die auf der Körperoberfläche oder in der Haut der Taube leben. Die Schadwirkung kann vielfältig sein, doch sind dauernde Unruhe und vor allem die Zerstörung einer gesunden Federstruktur die Hauptfolgen. Vor allem während der warmen Jahreszeit, wenn der Entwicklungszyklus der Ektoparasiten teilweise sehr viel kürzer ist, sollte man seine Tauben dahingehend gut kontrollieren.

Die Taube als Flugvogel ist auf ein gesundes Gefieder angewiesen; um Ektoparasiten wirksam zu bekämpfen, sollten also entsprechende Vorsichtsmaßnahmen ergriffen werden. Handelsübliche Sprays werden im Taubenschlag auf die Sitzgelegenheiten, Nistzellen und Nistschalen sowie vor allem in die Ritzen gesprüht und es gibt spezielle Zusätze für das Badewasser der Tauben.

Muss ein Einzeltier behandelt werden, kann das Medikament mit einer Klistierspritze der Taube direkt verabreicht werden.

Die kleine Schlagapotheke

Sofern es sich um ernsthafte Erkrankungen handelt, sollte man als Taubenzüchter ohne vorherige Absprache mit dem Tierarzt keinesfalls Medikamente verabreichen. Bei den üblichen Vorbeugemaßnahmen gegen Ektoparasiten und auch Wurmbefall, wenn man ausgeschiedene Würmer erkennt, kann man jedoch selbst tätig werden. Eine kleine Schlagapotheke hat sich deshalb sehr bewährt. Dazu verwendet man meist ein Hängeschränkchen wie für die eigene Hausapotheke. Im Schlagvorraum aufgehängt, können darin neben den „Medikamenten" auch Stoffe, wie Futterkalk, Taubenstein oder Öle, und Gerätschaften, wie Löffel, Messbecher und anderes, staubgeschützt aufbewahrt werden.

Inhalt der Schlagapotheke

- Spray beziehungsweise Tropfmittel gegen Ektoparasiten
- Wurmmittel
- Vitaminpräparat
- Desinfektionsmittel

▲

Altenburger Trommeltauben

Auf den ersten Blick könnte man meinen, es handle sich bei ihnen um „gewöhnliche" Feldtauben. Erst bei genauerem Hinsehen erkennt man die Perlaugen, also die weißen Iriden, und die steile Stirnpartie. Ansonsten sind sie in der Größe wie Feldtauben. Die Besonderheit der Rasse ist ihre Trommelstimme. Ihr Gurren erinnert an das Schlagen entfernter Trommeln. Bei keiner anderen Rasse ist diese Trommelstimme so perfekt ausgeprägt und so gibt es spezielle „Trommelwettbewerbe" auch nur bei ihnen. Durch die große Anzahl von 63 Farbenschlägen und die geringen Anforderungen der Tiere an ihre Unterbringung, selbst im Freiflug kann man sie noch halten, sowie das ruhige Wesen, besitzen sie einen großen Züchterkreis.

Rassengruppe	Trommeltauben
Ringgröße	8 mm
Betreuender Verein	Sonderverein der Züchter Altenburger Trommeltauben. Michael Lichtenstein, Nordstraße 4, 04603 Saara

Deutsche Schnabelkuppige Trommeltauben

Ein straffes Gefieder, volle Latschen (Federfüße), eine elegante Halslinie und eine Schnabelnelke, also ein Federwirbel im Stirnbereich, sind die charakteristischen Merkmale der Deutschen Schnabelkuppigen Trommeltaube. Die Trommelstimme ist nicht in allen Zuchten gleich gut verankert. Hier sollte man sich als Interessent also im Vorfeld genau informieren, wenn einen dieses Rassemerkmal fasziniert. Während der Zuchtzeit sollte man die Federn an den Füßen etwas einkürzen, um zu verhindern, dass Eier oder Jungtiere versehentlich aus der Nistmulde geworfen werden. Die Rasse zieht ihre Jungen sehr fürsorglich auf und auch der Umgang für den Züchter gestaltet sich angenehm, denn die Tauben sind recht ruhig. Die Schläge sollten geräumig sein, damit die Tiere mit vollen Latschen genügend Platz haben. Man kennt derzeit 36 Farbenschläge.

Rassengruppe	Trommeltauben
Ringgröße	12 mm
Betreuender Verein	Sonderverein der Trommeltaubenzüchter. Ingo Förster, Hauptstr. 169, 63110 Rodgau

▼

▲

Brünner Kröpfer

Die Rasse gehört zu den zierlichsten Taubenrassen. Sie zeichnet sich durch einen sehr hohen Stand und eine aufgerichtete Haltung aus. Der Kropf soll möglichst kugelförmig sein. Das besondere Wesen, die absolute Zutraulichkeit ihrem Züchter gegenüber, hat die Rasse so populär gemacht. Das Balzspiel, wenn der Täuber seiner Täubin aufgeregt hinterher hüpft, ist ein besonderer Blickfang und immer wieder faszinierend. Trotz ihrer Zierlichkeit sind diese Tauben sehr zuchtfreudig und ziehen ihre Jungtiere ohne Probleme auf. Kleine Schläge und ein geringer Bestand kommen der Rasse sehr entgegen, da sich dann leichter eine enge Bindung an den Züchter ergibt. Brünner Kröpfer gibt es in 38 Farbenschlägen. So kennt man neben Einfarbigen auch Weißbindige, Gestorchte, Getigerte und Geganselte.

Rassengruppe	Kropftauben (Kröpfer)
Ringgröße	7 mm
Betreuender Verein	Brünner-Kröpfer-Club. Frank Böckenfeld, Straßburger Weg 83, 48151 Münster

Schlesische Kröpfer

Das birnenförmige Blaswerk, das oben am weitesten ausgedehnt ist und elegant in die Taille verläuft, ist ein entscheidendes Merkmal der Schlesischen Kröpfer. Es muss immer darauf geachtet werden, dass die Größe des Blaswerks im harmonischen Einklang zur Körpergröße steht. Schlesische Kröpfer gehören zu den mittelgroßen Kröpfern, die ihre Nachzucht selbstständig aufziehen. Um bei Ausstellungen bestehen zu können, muss dem zutraulichen Wesen besondere Aufmerksamkeit beigemessen werden. Die optimale Ausstellungsvorbereitung lässt man sich am besten bei einem erfahrenen Züchter zeigen. Diese mit am beliebtesten Kröpfer kommen in 73 Farbenschläge und Zeichnungsvarianten vor.

Rassengruppe	Kropftauben (Kröpfer)
Ringgröße	8 mm
Betreuender Verein	Sonderverein der Züchter Schlesischer Kropftauben. Friedrich Günther, Gaildorfer Str. 10, 74423 Obersontheim

▼

Produkte

Rechte Seite:
Neben der reinen Freude sollte man auch den Nutzen der Tauben nicht außer Acht lassen.

Während die Menschen heute meist aus Freude am Tier zur Taubenhaltung übergehen, stand bei unseren Vorfahren die Erzeugung hochwertigen Fleisches und Düngers im Vordergrund.

Mit wachsendem Wohlstand konnten die Menschen es sich erlauben, die Tauben nicht nach der Produktivität als Nutztiere, sondern nach äußerlichen Kriterien wie Erscheinungsbild und eventuell der Flugleistung zu selektieren. In der Taubenliebhaberei sind diese Selektionskriterien heute üblich und oft die erste Motivation, sich mit diesen Tieren zu beschäftigen. Dennoch verzehren die meisten Taubenliebhaber das selbst produzierte Fleisch mit Genuss. Sie wissen um die Qualität und Herkunft des Produktes und das zarte Fleisch der Tauben ist seit jeher eine Delikatesse, für die man auf dem Markt einen hohen Preis bezahlt. Der Mist der Tauben ist nicht vergeudet, sondern wird zum hochwertigen Dünger im Garten und Kompost.

Taubenfleisch

„Die gebratenen Tauben fliegen einem nicht in den Mund" – dieses Sprichwort zeigt, dass Taubenfleisch etwas Besonderes ist. Selten findet man in der Gastronomie Tauben auf der Speisekarte, denn das Angebot ist nicht groß und die Ware entsprechend teuer. Durch die relativ geringe Nachfrage erscheint eine wirtschaftlich orientierte Taubenhaltung in Deutschland nicht ökonomisch. Anders ist die Situation vor allem in osteuropäischen Ländern, wo in größerem Maßstab Masttauben produziert werden. Und es gibt Regionen, die für ihre traditionellen Taubenfleischspezialitäten berühmt sind, wie das Elsass im Feinschmeckerland Frankreich.

Junge Tauben sind für alle Zubereitungsarten geeignet und zeichnen sich durch sehr zartes Fleisch aus. Ältere Tauben werden gewöhnlich nur zum Kochen verwendet. Unter jungen Tauben versteht man in der Regel Nestjunge, die frisch von den Eltern abgesetzt sind. In diesem Alter ist ihr Fleisch am zartesten. Die meisten Taubenhalter nutzen jedoch auch das

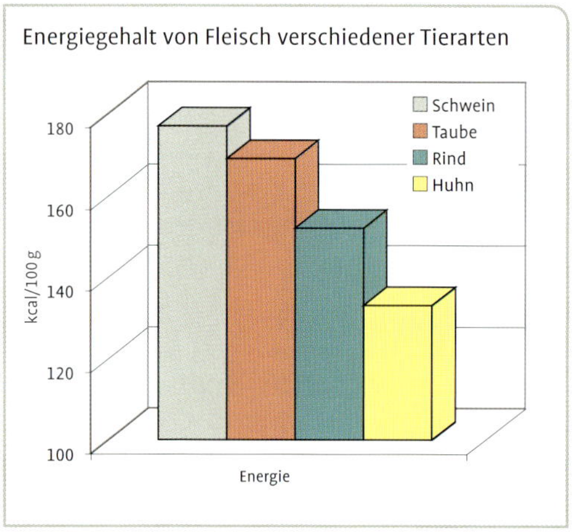

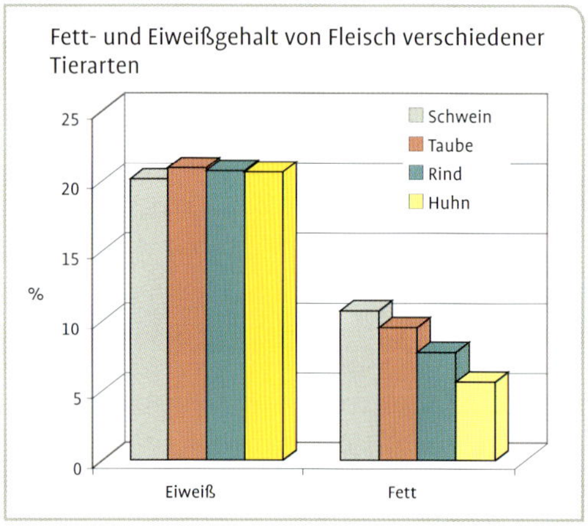

Fleisch von bis zu acht Monate alten Tauben für Jungtaubengerichte.

Taubenfleisch besitzt eine dunkle Farbe und einen leicht wildartigen Geschmack. Für ein gutes Gericht kann man je nach Menge der Beilagen mit einer bis zwei mittelgroßen Tauben pro Person rechnen. Die größten Teilstücke sind dabei vor allem die Brust und die Schenkel. Durch die günstige Zusammensetzung der Inhaltsstoffe, verglichen mit anderen Fleischsorten, eignet sich Taubenfleisch auch als diätetisches Nahrungsmittel.

Schlachten

Soll das Taubenfleisch zum Verzehr dienen, muss einwandfrei und sauber geschlachtet werden, wobei der Schlachtkörper anschließend appetitlich aussehen soll. Wie jedes Wirbeltier, muss auch die Taube nach dem Tierschutzgesetz vor dem eigentlichen Töten durch Blutentzug betäubt werden.

Die Tauben können **betäubt** werden, indem man sie an den Füßen und den Flügeln festhält und einen gezielten Schlag auf den Kopf ausübt. Anschließend wird der Kopf entweder mit einer Drehbewegung vom Hals abgetrennt oder die Hauptschlagader mit einem scharfen Messer geöffnet.

Nach dem vollständigen **Ausbluten** wird die Taube **gerupft**. Bei einer kleinen Anzahl an Tauben kann dies in trockenem Zustand geschehen. Dabei werden alle Federn mit einem kräftigen Zug ausgerupft. Bei einer größeren Anzahl hat es sich bewährt, die Tauben nass zu rupfen, indem man sie vorher bei einer Wassertemperatur von 65 °C brüht. Danach lassen sich die Federn leicht abstreifen.

Nach dem Rupfen entfernt man am besten die Füße, der Schnitt erfolgt direkt am Fersengelenk. Die Bauchhöhle wird mit einem waagerechten Schnitt unterhalb der Brustbeinspitze geöffnet. Durch diese Öffnung kann man nun mit zwei bis drei Fingern die gesamten **Innereien** entnehmen. Will man Leber, Herz und Magen verspeisen, werden diese von den restlichen Innereien abgetrennt und ordentlich gereinigt. Der Magen muss geöffnet und die innere Lederhaut abgezogen werden, ehe er zum Verzehr geeignet ist. Klein geschnittene, gebratene Innereien gelten als Delikatesse.

Hat man die Tauben vor dem Schlachten etwas gefüttert, ist der Kropf gefüllt und lässt sich einfach herauslösen. Dazu fährt man mit dem Daumen vom Brustbein in Richtung Hals und streift den gesamten Kropf einfach ab. Abschließend wird der Hals am Körperansatz abgeschnitten.

Die Kloake und das seitliche Fett unterhalb des Bürzels werden mit einem Rundschnitt entfernt, dann ist der Schlachtkörper zur Weiterverarbeitung in der Küche bereit.

Beim Schlachten sollte man die inneren Organe und die Därme genau betrachten, denn sie sagen viel über den Gesundheitszustand der Taube aus.

Zubereitung des Schlachtkörpers

Um einen hygienisch einwandfreien Schlachtkörper zu erhalten, sollte man diesen intensiv mit Wasser auswaschen und danach mit einem Küchentuch innen und außen gut abtupfen. Bei trocken gerupften Tauben kann es nötig sein, ein paar Federhaare mit einem Feuerzeug abzubrennen, damit die Haut schön glatt ist. Schlachtet man junge und alte Tauben zeitgleich, kann die Entfernung der vorderen Flügelspitze als späteres Unterscheidungsmerkmal hilfreich sein.

Die Zubereitung von Tauben ist nicht besonders schwierig, schöne Rezepte dagegen sind selten und kein Kochbuch beschäftigt sich ausschließlich mit der Zubereitung von Tauben. Wenn überhaupt, finden Täubchen in Geflügelkochbüchern nur am Rande Erwähnung. Viele Gerichte werden jedoch in den Familien weitergegeben, sodass es sich bei Züchterbesuchen durchaus lohnt, einmal nach den familientypischen Taubengerichten zu fragen. Man wird bestimmt fündig, denn jede Region, in der Taubenzüchter leben, bereitet die Tiere auf ihre spezielle Art zu.

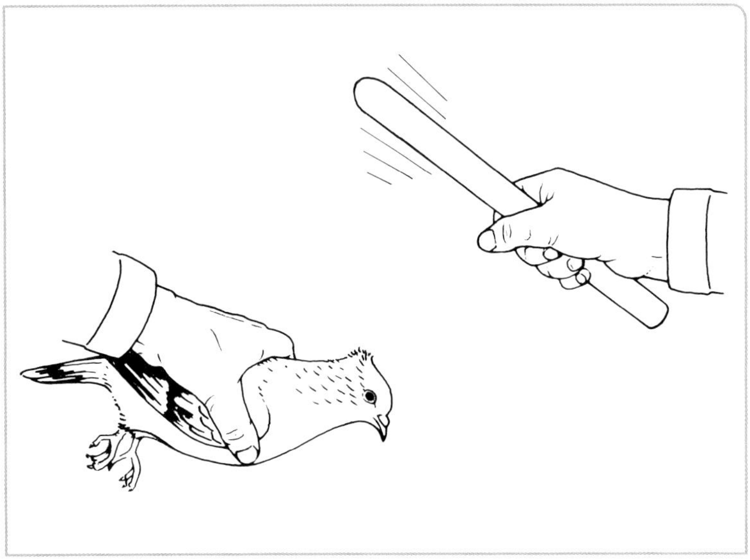

Vor dem eigentlichen Töten (Blutentzug) muss die Taube mit einem Schlag auf den Kopf betäubt werden.

Taubenbrühe

Zutaten für 4–6 Personen
3 ältere, geschlachtete und gerupfte Tauben
1 Karotte
etwas Sellerieknolle
etwas Wurzelpetersilie
etwas Lauch
½ mittelgroße Zwiebel
etwas Zwiebelschale
Salz und Pfeffer
1 ½–2 l Wasser

Die Tauben werden mit den gesamten Zutaten in einem Schnellkochtopf erhitzt und etwa 50 Minuten gegart. Die Tauben sind ausgekocht, wenn sich das Fleisch leicht vom Knochen lösen lässt. Nach dem Absieben der Brühe kann diese als Fond für jede weitere Suppe dienen. Besonders schmackhaft und delikat ist die Brühe mit einer Nudeleinlage und dem klein geschnittenen Taubenfleisch.

Gefüllte Täubchen

Zutaten für 4 Personen
4 junge, geschlachtete und gerupfte Tauben
Füllung:
nach Wunsch klein geschnittene Taubeninnereien (Magen, Leber, Herz)
100 g gemischtes Hackfleisch
100 g feines Kalbsbrät
1 Ei
1 altes Brötchen
½ kl. Zwiebel

Aus diesen Zutaten eine gleichmäßige Masse kneten und anschließend die Tauben damit füllen.

Salz und Pfeffer
Butterschmalz
½ kl. Zwiebel
1 Karotte
½ l Rotwein
1 l Brühe (Taubenbrühe)

Die gefüllten Tauben werden mit Salz und Pfeffer gewürzt und anschließend in heißem Butterschmalz von allen Seiten intensiv angebraten. Danach die klein geschnittene Zwiebel und die Karotte dazugeben und kurz mit anbraten. Das Ganze wird mit Rotwein und Brühe abgelöscht und im Backofen bei 200 °C etwa 30–40 Minuten gegart. Die Soße anschließend absieben und mit einem Stück Butter binden. Dazu passen Nudeln, Reis oder Kartoffeln.

Taubenmist

Für viele Menschen ist das Wort Tauben„dreck“ oder Taubenkot negativ behaftet, denn sie verbinden damit die Stadttauben und die in den Medien verwerteten Informationen über hohe Kosten für aufwendige Renovierungen an historischen Gebäuden. Taubendung ist aber ein sehr hochwertiger, organischer Dünger, der im privaten Gartenbau durchaus sinnvoll eingesetzt werden kann.

Schon in vielen frühen Hochkulturen, vor allem bei den Ägyptern war die Geflügel- und Taubenhaltung weit verbreitet und dort wurden zur Gewinnung des Dungs große Taubentürme aufgestellt. Später, im Mittelalter, verwendeten die Bader Taubenexkremente zur Behandlung vieler Krankheiten und als Haarwuchsmittel.

Während und nach dem Zweiten Weltkrieg, als Selbstversorgung eine wichtige Bedeutung hatte, besann man sich wieder auf den hochwertigen Dung. Die produzierte Kotmenge ist abhängig von der Rasse, größere Tauben produzieren mehr Dung. Pro Tier und Jahr fallen etwa 2,5 bis 3 Kilogramm Kot an, dazu kommen verbrauchtes Nistmaterial und eventuell Einstreu. Wird der Dung fachgerecht verarbeitet, ist er keinesfalls eine Last, sondern willkommen in Garten, unter Obstgehölzen und in der Kleingärtneranlage. Als natürlicher Düngerstoff verbessert Taubendung die Bodenstruktur, indem er die Krümelbildung fördert und damit die Durchlüftung des Bodens erhöht. Zudem steigt die Humusbilanz, was die Auswaschung der eingebrachten Nährstoffe reduziert. In diesen Punkten ist der Taubendung dem Kunstdünger überlegen und noch dazu ist er kostenfrei.

Anwendung

Aufgrund der hohen Nährstoffgehalte im Geflügel-, vor allem im Taubendung sollte man diesen nicht konzentriert und unbedacht ausbringen.

Nährstoffkonzentrationen in Rinder-, Schweine-, Hühner- und Taubenmist (nach MARKS 1971)

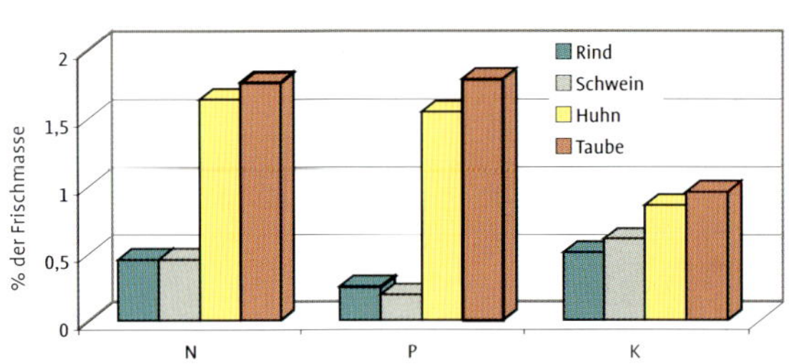

Organische Substanz (nach MARKS 1971)

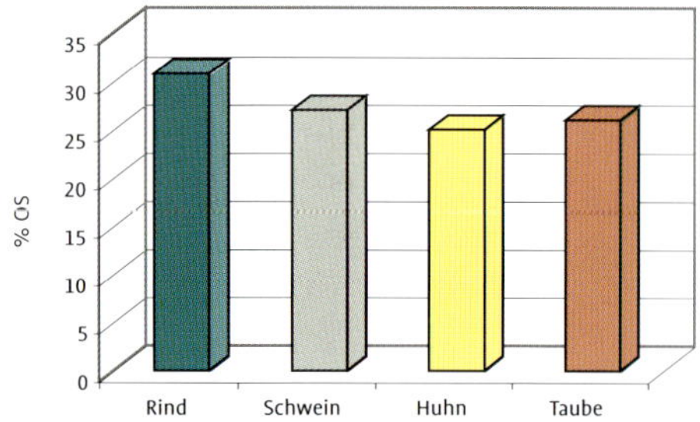

„Viel hilft viel" trifft hier nicht zu, im Gegenteil, Kulturpflanzen vertragen ihn nur in verdünnter Form. Eine Ausnahme bilden die Kohlsorten, Tomaten und Sellerie. Sonst sollte man den Dung so aufarbeiten, dass er pflanzenverträglich wird.

Kompost. Für die Kompostierung von Taubenmist mengt man am besten weitere Komponenten wie Grasschnitt, Gemüseabfälle und sonstigen organischen Abfall bei. Je nach Jahreszeit können diese zusätzlichen Bestandteile mengenmäßig unterschiedlich ausfallen, denn während der Zuchtzeit, wenn die Nester öfter gereinigt werden, gelangt mehr Taubenmist in den Kompost. In Thermokompostern geht die Kompostierung sehr schnell vonstatten, sodass innerhalb von sechs bis acht Wochen hochwertiger Dünger entsteht. In den normalen Kompostern dauert die Verrottung etwas länger.

Jauche. Um Jauche zu erhalten, wird Taubenmist mit Wasser vermengt und in Kübeln oder Fässern über einen Zeitraum von 8 bis 14 Tagen vergoren. Die daraus gewonnene Jauche wird nochmals mit Wasser verdünnt und als hochwertiger Dünger direkt auf die Pflanzen ausgebracht. Die im Kübel verbliebene organische Substanz kann weiter kompostiert werden. Im Gegensatz zur Kompostierung ist die Jaucheherstellung mit einer gewissen Geruchsbelästigung verbunden, was im Vorfeld berücksichtigt werden sollte. In einer weniger genutzten Gartenecke lässt sie sich aber mühelos und in einem für alle erträglichen Rahmen herstellen. Dafür blüht der größere Teil des Gartens durch die zusätzliche Versorgung mit selbst produzierten Pflanzennährstoffen umso mehr auf.

Gesunde, vitale Tauben in einem schönen Umfeld sind eine Zierde für jeden Garten.

▲

Birmingham Roller

Birmingham Roller gehören zu den besten Luftakrobaten. Es sind sehr schlichte Tauben, die nach keinem festen Standard gezüchtet werden. Zumeist findet man gescheckte Birmingham Roller, die immer glattfüßig und glattköpfig sind. Fachleute sagen, dass man die Rasse im Trupp von etwa 20 Tauben auf eine Flugdauer von zirka 30 Minuten trainieren sollte. Dann sieht man rasante „Purzelbäume" im Sekundentakt. Das richtige Training und die artgerechte Fütterung lässt man sich am besten von einem Spezialisten zeigen. Birmingham Roller fliegen sowohl vom heimatlichen Taubenschlag als auch von einem transportablen Flugkasten und haben sich einen recht konstanten Züchterkreis erobert. Die Rasse zeichnet sich durch ein großes Zutrauen ihrem Züchter gegenüber aus.

Rassengruppe	Flugtauben
Betreuender Verein	Deutscher Flugroller-Club (DFC). Bodo Pruschinski, Am Kettelberg 11, 58135 Hagen

▲

Orientalischer Roller

Wie der Name sagt, waren die Orientalischen Roller ursprüngliche Flugtauben mit einem eigenen Flugbild. Heutzutage unterscheidet man zwei Zuchtrichtungen. Während die einen dieses Flugbild noch zeigen (Flugtyp), sind die anderen (Ausstellungstyp) mehrheitlich auf äußerliche Rassemerkmale gezüchtet. Beide erfreuen sich aufgrund ihres ruhigen und dennoch temperamentvollen Wesens großer Beliebtheit. Typisch für die Rasse sind die unter dem Schwanz getragenen Flügel. Vor allem im schwarzen Farbenschlag kann man leicht nachvollziehen, weshalb diese Form als „Amselstellung“ bekannt ist. Orientalische Roller sind sehr fürsorgliche Eltern und bestechen dazu noch in sehr vielen, zum Teil sehr interessanten Farbenschlägen.

Rassengruppe	Tümmlertauben
Ringgröße	7 mm
Betreuender Verein	Sonderverein der Züchter orientalischer Roller. Gert Falk, Göritz 30a, 07927 Hirschberg

Wiener Hochflieger

Die Rasse ist eigentlich zum Inbegriff für Flugtauben geworden. Die Flugmanöver werden vom heimatlichen Schlag aus geflogen und die Tauben schrauben sich dabei sehr schnell in höchste Höhen. Dort fliegen sie rasante Manöver, was ihrem lebhaften Temperament entspricht. Selbstverständlich zeigen sie dies erst durch entsprechendes Training. Leider dreht die Rasse bei ihren Flugspielen leicht ab, wie es in der Flugtaubensprache heißt. Damit ist gemeint, dass die Tauben verloren gehen und weil nicht alle Tiere gleich gute Flieger sind, sollte man sich im Vorfeld beim Züchter darüber informieren. Die Stichgröße (Anzahl der Tiere in einer Fluggruppe) liegt bei mindestens zwölf Tauben. Als mittelschnäblige, drahtige Taubenrasse sorgen die Wiener Hochflieger für reichliche Nachzucht. Man kennt sie in sehr vielen, zum Teil höchst interessanten Zeichnungs- und Farbvarianten.

Rassengruppe	Flugtauben / Leistungstauben
Betreuende Vereine	Deutscher Hochflugclub (DHC). Wolfgang Hartmann, Bergstraße 45, 66125 Dudweiler Sonderverein der Züchter Wiener und Budapester Tümmler. Steffen Kraus, Galgenbergsweg 20, 17166 Teterow

▼

Altholländische Tümmler

Charakteristisch für die Rasse ist die Bootsform ihres Körpers. Damit ist gemeint, dass die Bauchlinie wie ein Bootsrumpf verläuft. Dazu kommt eine volle Fußbefiederung und ein runder Kopf mit klaren Perlaugen. Die Vögel sind sehr ruhig im Umgang und laufen beim täglichen Miteinander ihrem Züchter auch einmal zwischen den Beinen umher. Ihre reichliche Nachzucht betreuen sie sehr umsichtig. Am besten hält man sie in der Voliere. Es gibt zahlreiche Zeichnungsvarianten. So kennt man Einfarbige, Weißschildige, Schildtiger, Rosettentiger, Elstern, Weißschwänze, Weißschläge und Weißschlag-Weißschwänze und all dies in verschiedenen Farben. Damit ergeben sich insgesamt 44 Farb- und Zeichnungsvarianten.

Rassengruppe	Tümmlertauben
Ringgröße	11 mm
Betreuender Verein	Sonderverein der Züchter Altholländischer Tümmler. Nis-Jürgen Bonde, Perthesstraße 10, 59174 Kamen

Brieftaube

Aus dem ehemaligen „Rennpferd des kleinen Mannes“ wurde im Lauf der Zeit ein echter Hochleistungssportler gezüchtet. Aufgrund der starken Bemuskelung und der straffen Federqualität sind die Brieftauben in Flugwettbewerben zu absoluten Höchstleistungen fähig. Ihr Heimfindevermögen kann sie über viele hundert Kilometer zurückführen. Trotz der großen Flugleistung sind Brieftauben sehr ruhige Tiere und lassen sich ausnahmslos auf den Züchter ein. Im Hinblick auf die Nachzuchtleistung sowie das Brutverhalten sind Brieftauben geradezu vorbildlich. Da die Brieftaubenzucht auf Leistung ausgelegt ist, spielen Farbe und Zeichnung des Gefieders keine Rolle, sodass alle sogenannten Brieftaubenfarben vorkommen.

Rassengruppe	Flugtauben / Leistungstauben
Betreuender Verein	Verband Deutscher Brieftaubenzüchter. Katernberger Str. 115, 45327 Essen

▲

Rheinische Ringschläger

Nach dem Deutschen Rassetaubenstandard gehören Rheinische Ringschläger zu den sogenannten Spielflugtauben. Neben der Zeichnung, weißer Kopf mit Spitzkappe und weiße Schwingen bei farbigem Gefieder, ist ihr Flugspiel, genauer gesagt das Balzspiel, von besonderem Reiz. Dabei fliegt der Täuber um seine Täubin im Idealfall mehrere Ringe. Daher leitet sich auch der Name „Ringschläger" ab. Dieses besondere Flugspiel sollte auf jeden Fall durch gezielte Zucht bewahrt werden. Die Rasse züchtet eifrig nach, doch sollte man darauf achten, dass die Nistzelle gut abgedunkelt ist. Die Tauben sind im Umgang sehr angenehm und werden auch zutraulich. Leicht abgenutzte Schwingenfedern sind kein Fehler. Rheinische Ringschläger werden in 10 Farbenschlägen gezüchtet.

Rassengruppe	Spielflugtauben
Ringgröße	7 mm
Betreuender Verein	Sonderverein der Züchter von Ringschlägertauben. Paul Schindel, Neumühler Strasse 55, 19057 Schwerin

Service

Literatur

Lüthgen, Dr. W.: Taubenkrankheiten. 3. Auflage. Verlag Oertel + Spörer, Reutlingen 2006.

Mackrott, Dr. H.: Tauben halten. Verlag Eugen Ulmer, Stuttgart 1997.

Mackrott, Dr. H.: Tauben züchten. Verlag Eugen Ulmer, Stuttgart 2000.

Müller, E. (Hrsg.): Alles über Rassetauben. Band 1 – Entwicklung, Haltung, Pflege, Vererbung und Zucht. Verlagshaus Reutlingen Oertel + Spörer, Reutlingen 2000.

Müller, E. (Hrsg.): Alles über Rassetauben. Band 2 – Formentauben. Verlagshaus Reutlingen Oertel + Spörer, Reutlingen 2001.

Müller, E. (Hrsg.): Alles über Rassetauben. Band 3 – Huhntauben, Warzentauben, Kröpfer. Verlagshaus Reutlingen Oertel + Spörer, Reutlingen 2001.

Müller, E. (Hrsg.): Alles über Rassetauben. Band 4 – Farbentauben. 2. Auflage. Verlag Oertel + Spörer, Reutlingen 2004.

Müller, E. (Hrsg.): Alles über Rassetauben. Band 5 – Trommeltauben, Strukturtauben, Mövchentauben. Verlagshaus Reutlingen Oertel + Spörer, Reutlingen 2001.

Müller, E. (Hrsg.): Alles über Rassetauben. Band 6 – Tümmlertauben, Hochflugtauben, Spielflugtauben. Verlagshaus Reutlingen Oertel + Spörer, Reutlingen 2002.

Schmidt, Dr. H./Proll, R.: Taschenatlas Tauben. Verlag Eugen Ulmer, Stuttgart 2006.

Sell, A.: Tauben. Züchten mit System. Verlagshaus Reutlingen Oertel + Spörer, Reutlingen 1995.

Stach, G.: Taubenschläge und Volieren. Verlagshaus Reutlingen Oertel + Spörer, Reutlingen 2001.

Vogel, C.: Tauben. Lizenzausgabe für Bechtermünz Verlag, Augsburg 1997.

Zeitschriften

Geflügel-Börse.
Offizielles Organ des Bundes Deutscher Rassegeflügelzüchter.
Verlag Jürgens GmbH,
Gabriele-Münter-Str.5,
82110 Germering,
Tel. 089 - 841843-00,
Fax. 089 – 841843-20.
Internet: www.gefluegel-boerse.de
E-Mail: office@gefluegel-boerse.de

Der Kleintier-Züchter. Geflügelzeitung.
Offizielles Organ des Bundes Deutscher Rassegeflügelzüchter. Hobby- und Kleintierzüchter Verlags-GmbH & Co. KG.
Wilhelmsaue 37,
10713 Berlin.
Tel. 030/ 89 74 54-541
E-Mail: gefluegelzeitung@hk-verlag.de

Die Brieftaube.
Verband Deutscher Brieftaubenzüchter e. V.
Katernberger Str. 115,
45327 Essen.
Tel. 0201 –8722412,
Fax 0201 – 8722467.
E-Mail: verband@Brieftaube.de
Internet: www.brieftaube.de

Verbände

Bund Deutscher Rassegeflügelzüchter.
Bundesgeschäftsstelle: Erlenbruchstr. 20,
Zuchtanlage Erlenbruch,
63071 Offenbach am Main.
Tel. 069 – 87 87 67 54,
Fax 069 – 85 70 94 86.
E-Mail: info@bdrg.de
Internet: www.bdrg.de

Verband Deutscher Rassetaubenzüchter.
Harald Köhnemann,
Kletterstr. 5,
59427 Unna.
Tel. 02303 – 52332,
Fax 02303 – 51945.
E-Mail: hub-koehnemann@t-online.de
Internet: www.vdt-online.de

Verband Deutscher Brieftaubenzüchter e. V.
Katernberger Str. 115,
45327 Essen.
Tel. 0201 –8722412,
Fax 0201 – 8722467.
E-Mail: verband@Brieftaube.de
Internet: www.brieftaube.de

Deutsche Flugtippler Union (DFU):
Hans Erwig,
Tel. 07441 – 892689.
Internet: www.deutscheflugtipplerunion.de

Deutscher Flugroller-Club e. V. (DFC):
Bodo Pruschinski,
Am Kettelberg 11,
58135 Hagen,
Tel. 02331 - 3967068
E-Mail: bodo.pruschinski@gmx.de
Internet:
www.deutscherflugrollerclub.jimdo.com

Deutscher Hochflug-Club (DHC):
Wolfgang Hartmann,
Bergstr. 45,
66125 Dudweiler/Saar.
Tel. 06897 – 763228.
Internet www.deutscherhochflugclub.de

Örtliche Taubenzucht-, Geflügelzucht- und Kleintierzuchtvereine

Staatliche Tierärztliche Untersuchungsämter

Weitere Informationen

Taubenmuseum: Deutsches Taubenmuseum Nürnberg. Karlheinz Sollfrank,
Schießplatzstr. 40, 90469 Nürnberg.
Tel. 0911 – 483510, Fax 0911 – 484624.
E-Mail: Tauben-Museum@gmx.de
Internet: www.taubenmuseum.de
Besuchszeiten nach vorheriger Anmeldung und jährlich festgelegten Terminen.

Taubenklinik: Taubenklinik des Verbandes Deutscher Brieftaubenzüchter.
Katernberger Str. 115, 45327 Essen,
Tel. 0201 – 848390, Fax 0201 – 8483968.

Medikamente: Chevita GmbH. 85266 Pfaffenhofen.
Tel. 08441 – 8530, Fax 08441 – 85351.
E-Mail: chevita@chevita.de
Internet: www.chevita.com

Zubehör, Geräte: Sollfrank KG.
Schießplatzstr. 40, 90469 Nürnberg,
Tel. 0911 – 483510, Fax 0911 – 484624.
E-Mail: info@sollfrank.de
Internet: www.sollfrank.de

Register

Bildquellen

Bauer, Wilhelm: Seite 27, 36, 49, 88 links, Umschlag: vordere Klappe innen: linke Seite, rechtes Foto, rechte Seite, rechtes Foto; hintere Klappe innen, linke Seite (3 Fotos)
Alexander Hauk/www.alexander-hauk.de/pixelio: Umschlagseite 2
iStockphoto.com/Andrey Kravchenko: Umschlagseite 3
Kuhn, Regina: Titelfoto, Umschlag: vordere Klappe innen: linke Seite, linkes Foto, rechte Seite, linkes Foto; hintere Klappe innen, rechte Seite (3 Fotos); im Innenteil des Buches: Seite 1, 5, 6, 7, 8, 9, 11, 15, 16 oben, 16 unten, 17 oben, 17 unten, 19, 21, 31, 32 oben, 32 unten, 33 oben, 33 unten, 35, 38, 41, 43, 45, 46 oben, 46 unten, 47 oben, 47 unten, 51, 55, 57, 58 links, 58 rechts, 59 oben, 59 Mitte, 59 unten, 63, 64 oben, 64 unten, 65 oben, 65 unten, 67, 69, 70 oben, 70 unten, 71, 74, 73, 75, 76 oben, 76, unten, 77 oben, 77 unten, 79, 82, 83, 85, 86, 87 oben, 87 unten, 88 rechts, 89, 91, 92

Sämtliche Zeichnungen fertigte Christiane Gottschlich, Steinfurt, nach Vorlagen des Verfassers und aus der Literatur.

Dank

Hans Adam, Herleshausen; Matthias Apfel, Bad Liebenstein; Otto Bender, Herleshausen; Wilhelm Berger, Tübingen; Steven Bley, Moorgrund-Gräfennitzendorf; Matthias Brunner, Wernshausen; Werner Engler, Eisenach; Werner Fürst, Pferdsdorf-Spichra; Egon Gürtler, Moorgrund-Gräfennitzendorf; Gerhard Heimann, Frienstedt; Dirk, Kurt und Marcel Henning, Moorgrund-Kupfersuhl; Steffen Kallenbach, Barchfeld; Holger Kaps, Wiegleben; Reinhard Kirchner, Thal; Horst Klinzing, Moorgrund-Möhra; Dieter Kopp, Frickenhausen-Linsenhofen; Jürgen Lange, Kutzleben; Heini Liebetrau, Seebach; Johannes Luther, Moorgrund-Möhra; Siegfried Mäckle, Esslingen-Zell; Karl-Heinz und Thomas Möller, Barchfeld; Kurt Ottenbacher, Wernau; Jürgen Philipp, Esslingen; Gudrun Reif, Wernshausen; Siegfried Reiß, Thal; Manfred Rödiger, Ruhla; Gerhard Rößling, Steinbach; Andrea und Toni Stötzer, Gispersleben; Klaus Tannert, Ruhla; Gerhard Walter, Eisenach; dem Geflügelpark für thüringische Heimtierrassen RGZV, Möhra; dem Sonderverein der Züchter von Ringschlägertauben und allen anderen, die zur Entstehung dieses Buches beigetragen haben.

Impressum

Bibliografische Information der Deutschen Nationalbibliothek

Bibliografische Information der Deutschen Nationalbibliothek

Die Deutsche Nationalbibliothek verzeichnet diese Publikation in der Deutschen Nationalbibliografie; detaillierte bibliografische Daten sind im Internet über http://dnb.d-nb.de abrufbar.

Wollgrasweg 41, 70599 Stuttgart (Hohenheim)
E-Mail: info@ulmer.de
Internet: www.ulmer.de
Lektorat: Dr. Eva-Maria Götz
Herstellung: Ulla Stammel
Reproduktion: TBM, Remseck
Druck und Bindung: Firmengruppe APPL, aprinta Druck, Wemding
Printed in Germany

ISBN 978-3-8001-7975-6